ENCYCLOPÉDIE SCIENTIFIQUE DES AIDE-MÉMOIRE

PUBLIÉE SOUS LA DIRECTION

DE M. LÉAUTÉ, MEMBRE DE L'INSTITUT.

LA DISTILLATION

PAR

ERNEST SOREL

Ancien ingénieur des Manufactures de l'État

PARIS

GAUTHIER-VILLARS ET FILS, | G. MASSON, ÉDITEUR,

IMPRIMEURS-ÉDITEURS | LIBRAIRE DE L'ACADÉMIE DE MÉDECINE

Quai des Grands-Augustins, 55 | Boulevard Saint-Germain, 120

(Tous droits réservés)

ENCYCLOPÉDIE SCIENTIFIQUE

DES

AIDE-MÉMOIRE

PUBLIÉE

SOUS LA DIRECTION DE M. LÉAUTÉ, MEMBRE DE L'INSTITUT

Ce volume est une publication de l'Encyclopédie scientifique des Aide-Mémoire ; F. Lafargue, ancien élève de l'École Polytechnique, Secrétaire général, 46, rue Jouffroy (boulevard Malesherbes), Paris.

Nº 104 A

INTRODUCTION

—

L'auteur a réuni dans cet Aide Mémoire les notions les plus essentielles aux savants et aux industriels qui se proposent de séparer par distillation les corps les uns des autres.

Prenant comme point de départ le cas le plus simple : celui où les corps en présence sont insolubles l'un dans l'autre, il s'élève peu à peu jusqu'aux cas les plus difficiles où la solubilité réciproque du corps empêche totalement de prévoir comment se fera la distillation quand on se base uniquement sur les propriétés individuelles des corps en présence.

L'auteur aborde ensuite l'étude de la distillation continue qui a un si grand intérêt industriel, puis le problème plus complexe de la distillation continue avec concentration. Il arrive ainsi à se rapprocher de la théorie de la rectification, de sorte que le présent aide-mémoire et celui concernant la rectification forment un ensemble complet.

De même que, dans ce dernier, l'auteur prend ses exemples numériques dans l'industrie de l'alcool, et, à ce sujet, il a cru devoir mettre en tête du présent aide-mémoire les tables numériques nécessaires aux calculs qu'il a développés et à ceux qui, d'une façon générale, concernent cette industrie.

PREMIÈRE PARTIE

—

CHAPITRE PREMIER

—

ALCOOMÉTRIE

L'alcoométrie est fondée sur les expériences de Gilpin (1790); reprises et corrigées en 1794, ces expériences et celles de Tralles forment la base de l'alcoométrie en Allemagne. En France, on se sert des tables de Gay-Lussac. Les travaux de Collardeau, Drinkwater, Pouillet, Fownes, Baumhauer, etc., ont établi la correspondance la plus exacte entre les tables, qui ne se distinguent plus que par des dispositions appropriées aux nécessités commerciales, et par la température normale adoptée.

La température normale de Gilpin est

$$60°F = 12,\tfrac{4}{9} R = 15,\tfrac{5}{9} C.$$

Elle est conservée pour les tables et instruments de Tralles et de Brix, tandis qu'en France la température normale est 15°.

La table I, dressée par Fownes, donne la correspondance des densités avec la proportion alcoolique en centièmes du poids pour la température normale de 60° F = 15,55 C.

Dans la table II, dressée par Brix, la densité est rapportée à la densité de l'eau à la température choisie comme terme de comparaison, c'est-à-dire à 15°,55, tandis que les densités d'après Gay-Lussac sont rapportées à la densité de l'eau à 15°.

La table de Brix donne les proportions en centièmes des volumes d'alcool et d'eau et la contraction éprouvée pour les liqueurs de différentes densités.

Pour comparer les proportions d'alcool par volume aux proportions par poids, on se servira de la table III qui contient les proportions en volumes de dixièmes en dixièmes.

La table IV donne la comparaison des indications des différents densimètres et alcoomètres avec les centièmes en volumes d'unités en unités (degrés Gay-Lussac).

L'alcoomètre Cartier étant très usité dans les pays espagnols, nous donnons, table V, la conversion des degrés Cartier en degrés Gay-Lussac, le calcul inverse se trouve dans la table IV.

La table VI donne la correspondance des degrés anglais avec les densités à 60° F.

En Angleterre, on évalue la richesse des alcools non en centièmes, mais par comparaison avec une liqueur normale appelée *proof spirit*. On estime une liqueur donnée en désignant le nombre de volumes de cette liqueur auquel il faut porter 100 volumes pour obtenir du *proof spirit*.

Une liqueur plus riche que l'alcool normal est dite *over proof* ; une liqueur marque par exemple 10 *over proof* quand il faut ajouter à 100 litres d'esprit, 10 litres d'eau pour obtenir du *proof spirit*.

Une liqueur plus pauvre que l'alcool normal est dite *under proof* : on dit par exemple qu'elle marque dix *under proof* s'il faut en retrancher 10 litres sur 100 litres pour obtenir le *proof*.

Le *proof* est la liqueur normale pour la perception des droits : il a pour densité 0,918633 à 60° F = 15,56 C ; on le prépare en mélangeant 103,09 parties d'eau à 100 parties en poids d'alcool pur ; il contient 47,5 % en poids d'alcool.

En France, on apprécie encore certaines liqueurs d'une façon toute spéciale : On nomme *eau-de-vie preuve de Hollande* le liquide de densité 0,9462, soit de 43 %, et *eau-de-vie preuve d'huile* celui de 0,9151 ou environ 51 %. Les liquides plus forts sont quelquefois caractérisés par des fractions exprimant au numérateur la quantité d'esprit à ajouter pour obtenir, en *preuve de Hollande*, le volume indiqué au dénominateur. Ainsi on employait les fractions suivantes :

$$\frac{5}{6}, \frac{4}{5}, \frac{3}{4}, \frac{2}{3}, \frac{5}{9}, \frac{6}{11}, \frac{3}{6}, \frac{3}{7}, \frac{3}{8}, \frac{3}{9}.$$

Le $\frac{3}{6}$ est un liquide alcoolique dont 3 volumes doivent être ramenés par addition d'eau à 6 volumes pour fournir un liquide de densité 0,9462 il correspond à 80-81° G.L. ; le $\frac{3}{7}$ un liquide dont 3 volumes doivent être additionnés de 4 volumes d'eau pour arriver à la même densité : il correspond à 88-89° G.L. ; le $\frac{3}{9}$ à 91° G.L. Ces désignations utiles pour les coupages commencent à tomber en désuétude.

Les déterminations densimétriques sont supposées être faites à la température normale. Les indications des instruments sont donc fautives pour toutes les autres températures, il est nécessaire de recourir à des corrections pour passer de la richesse *apparente* à la richesse *vraie*.

On doit à Gay-Lussac des tables de correction qui permettent de trouver immédiatement la richesse vraie en partant de la richesse apparente et de la température. Il est à noter que le volume varie en même temps que la densité sous l'action de la température.

On trouve dans la table de correction de Gay-Lussac (table VII) les deux corrections. La ligne horizontale supérieure contient les degrés alcoométriques : la première colonne verticale, les températures de o à 30°. A l'intersection des lignes correspondantes aux nombres de chaque observation, on lit le degré volumétrique corrigé, et au-dessous le volume réel que prendraient à 15°, 1000 volumes lus à la température de l'expérience.

Il ne faut pas confondre ce tableau avec la table de la régie, où les deux corrections sont combinées de façon à donner le volume d'alcool absolu à 15° contenu dans le liquide observé, en conservant pour volume le volume réellement lu à la température de l'expérience.

On a souvent à déterminer le volume d'eau à ajouter à un liquide alcoolique donné pour obtenir une richesse alcoolique moindre. Comme la contraction entre en jeu, on ne peut pas se contenter d'une simple règle de mélange. Le calcul serait assez compliqué : on le remplace par l'emploi de la table de mouillage (table VIII). Toutefois il faut tenir compte qu'elle est établie pour la température de 15°. Il faut donc, en cas de déterminations exactes, combiner son emploi avec celui de la table VII.

CHAPITRE II

—

CONSTANTES PHYSIQUES

Pour appliquer les formules contenues dans le corps de l'ouvrage, on a besoin d'un certain nombre de données.

Nous appellerons :

G.L., la proportion centésimale de l'alcool ou volume à la température de 15° d'après Gay-Lussac ;

T, la proportion centésimale de l'alcool ou poids à la température de 15° d'après Gay-Lussac ;

t, la température d'ébullition sous la pression normale d'après Gröning ;

μ, la chaleur de mélange à 0° de l'eau et de l'alcool absolu liquides tous deux pour fournir le liquide de densité donnée d'après Dupré et Page ;

c, la chaleur spécifique de l'eau alcoolisée d'après Jamin et Amaury ;

λ, la chaleur latente de vaporisation de l'eau alcoolisée déduite par Dönitz des observations de Regnault ;

V, la proportion centésimale de l'alcool en volume dans les vapeurs produites par le liquide de richesse G.L., d'après E. Sorel ;

U, la proportion centésimale de l'alcool en poids dans ces vapeurs ;

— $\mu + \dfrac{ct}{t}$, la chaleur totale absorbée pour porter de o° à la température de l'ébullition l'eau et l'alcool supposés liquides dans le mélange considéré ;

λ, la chaleur latente de vaporisation de l'alcool produit par l'ébullition du liquide de richesse G.L. ;

— $\mu_1 + \lambda_1 + c_1 t$, la chaleur totale contenue dans ces vapeurs depuis l'eau liquide et l'alcool liquide à o° jusqu'à la vapeur à la sortie du mélange bouillant.

TABLEAU I

(Tableau de Fownes ; température 60° F = 15 5/9 C.).

Densités	Centièmes en poids	Densités	Centièmes en poids	Densités	Centièmes en poids
0,9991	0,5	0,9511	34	0,8769	68
9981	1	9490	35	8745	69
9965	2	9470	36	8721	70
9947	3	9452	37	8696	71
9930	4	9434	38	8672	72
9914	5	9416	39	8649	73
9898	6	9396	40	8625	74
9884	7	9376	41	8603	75
9869	8	9356	42	8581	76
9855	9	9335	43	8557	77
9841	10	9314	44	8533	78
9828	11	9292	45	8508	79
9815	12	9270	46	8483	80
9802	13	9249	47	8459	81
9789	14	9228	48	8434	82
9778	15	9206	49	8408	83
9766	16	9184	50	8382	84
9753	17	9160	51	8357	85
9741	18	9135	52	8331	86
9728	19	9113	53	8305	87
9716	20	9090	54	8279	88
9704	21	9069	55	8254	89
9691	22	9047	56	8228	90
9678	23	9025	57	8199	91
9665	24	9001	58	8172	92
9652	25	8979	59	8145	93
9638	26	8956	60	8118	94
9623	27	8933	61	8089	95
9609	28	8908	62	8061	96
9593	29	8886	63	8031	97
9578	30	8863	64	8001	98
9560	31	8840	65	7969	99
9544	32	8816	66	7938	100
9528	33	8793	67		

TABLEAU II

Tableau comparatif de Brix. Temp. 15°,55 C.

Densité à 15°,55	100 litres à 15°,55 contiennent		Contraction	Densité à 15°,55	100 litres à 15°,55 contiennent		Contraction
	Alcool	Eau			Alcool	Eau	
1,0000	0	100,000	0,000	0,9709	25	77,225	2,225
0,9985	1	99,055	055	9698	26	76,320	320
9970	2	98,111	111	9688	27	75,426	426
9956	3	97,176	176	9677	28	74,521	521
9942	4	96,242	242	9666	29	73,617	617
9928	5	95,307	307	9655	30	72,712	712
9915	6	94,382	382	9643	31	71,797	797
9902	7	93,458	458	9631	32	70,883	883
9890	8	92,543	543	9618	33	69,958	958
9878	9	91,629	629	9605	34	69,034	3,034
9866	10	90,714	714	9592	35	68,109	109
9854	11	89,799	799	9579	36	67,184	184
9843	12	88,895	895	9565	37	66,250	250
9832	13	87,990	990	9550	38	65,305	305
9821	14	87,086	1,086	9535	39	64,361	361
9811	15	86,191	191	9519	40	63,406	406
9800	16	85,286	286	9503	41	62,451	451
9790	17	84,392	392	9487	42	61,497	497
9780	18	83,497	497	9470	43	60,532	532
9770	19	82,603	603	9452	44	59,558	558
9760	20	81,708	708	9435	45	58,593	593
9750	21	80,813	813	9417	46	57,618	618
9740	22	79,719	919	9399	47	56,944	644
9729	23	79,014	2,014	9381	48	55,669	669
9719	24	78,119	119	9362	49	54,685	685

TABLEAU II (suite)

Densité à 15°,55	100 litres à 15°,55 contiennent		Contraction	Densité à 15°,55	100 litres à 15°,55 contiennent		Contraction
	Alcool	Eau			Alcool	Eau	
0,9343	50	53,700	3,700	0,8747	76	27,080	3,080
9323	51	52,705	705	8720	77	26,016	016
9303	52	51,711	711	8693	78	24,951	2,951
9283	53	50,716	716	8665	79	23,877	877
9263	54	49,722	722	8639	80	22,822	822
9242	55	48,717	717	8611	81	21,747	747
9221	56	47,712	712	8583	82	20,673	673
9200	57	46,708	708	8555	83	19,598	598
9178	58	45,693	693	8526	84	18,514	514
9156	59	44,648	678	8496	85	17,419	419
9134	60	43,663	664	8466	86	16,324	324
9112	61	42,649	649	8436	87	15,230	230
9090	62	41,635	635	8405	88	14,125	125
9067	63	40,610	610	8373	89	13,011	011
9044	64	39.586	586	8339	90	11,876	1,876
9021	65	38,561	561	8306	91	10,751	751
8997	66	37,526	526	8272	92	9,617	617
8973	67	36,492	492	8237	93	8,472	472
8949	68	35,457	457	8201	94	7,318	318
8925	69	34,423	423	8164	95	6,153	153
8900	70	33,378	378	8125	96	4,968	0,968
8875	71	32,333	333	8084	97	3,764	764
8850	72	31,298	289	8041	98	2,539	539
8825	73	30,244	244	7995	99	1,285	285
8799	74	29,190	190	7946	100	0,000	000
8773	75	28,135	135				

TABLEAU III

Transformation des centièmes du volume ($^o/_o$)
en centièmes du poids ($\cdot/.$).

$^o/_o$ volume	$\cdot/.$ poids	$^o/_o$ volume	$\cdot/.$ poids	$^o/_o$ volume	$\cdot/.$ poids	$^o/_o$ volume	$\cdot/.$ poids
0,0	0,00	2,5	2,00	5,0	4,00	7,5	6.02
0,1	0 08	2,6	2,08	5,1	4,08	7,6	6,10
0,2	0,16	2,7	2,16	5,2	4,16	7,7	6,18
0,3	0,24	2,8	2,24	5,3	4,24	7,8	6,26
0,4	0,32	2,9	2,32	5,4	4,32	7,9	6,34
0 5	0,40	3,0	2,40	5,5	4,40	8,0	6,42
0,6	0,48	3,1	2,48	5,6	4,48	8,1	6,50
0,7	0,56	3,2	2,56	5,7	4,56	8,2	6,58
0,8	0,64	3,3	2,64	5,8	4,64	8,3	6,66
0,9	0,72	3,4	2,72	5,9	4,72	8,4	6.74
1,0	0,80	3,5	2 80	6,0	4,80	8,5	6,82
1,1	0,88	3,6	2.88	6,1	4,88	8,6	6,90
1,2	0,96	3,7	2,96	6,2	4,96	8,7	6.98
1,3	1,04	3,8	3,04	6,3	5,04	8,8	7,06
1,4	1,12	3,9	3,12	6,4	5.12	8,9	7,14
1,5	1.20	4,0	3,20	6,5	5,20	9,0	7,24
1,6	1,28	4,1	3.28	6,6	5,28	9,1	7,32
1,7	1,36	4,2	3.36	6,7	5,36	9,2	7,40
1,8	1,44	4,3	3,44	6,8	5,44	9,3	7,48
1,9	1,52	4,4	3,52	6,9	5,52	9,4	7,56
2,0	1,60	4 5	3,60	7,0	5,62	9,5	7,64
2,1	1,68	4,6	3.68	7,1	5,70	9,6	7,72
2,2	1,76	4,7	3,76	7,2	5,78	9,7	7,80
2,3	1,84	4,8	3,84	7,3	5,86	9,8	7,88
2,4	1,92	4,9	3,92	7,4	5,94	9,9	7,96

TABLEAU III (*suite*)

%volume	·/· poids	%volume	·/· poids	%volume	·/· poids	%volume	·/· poids
10,0	8.05	13,0	10.51	16,0	12,97	19,0	15,44
10,1	8,13	13,1	10.59	16.1	13,08	19.1	15,52
10,2	8,21	13.2	10 67	16,2	13,16	19.2	15,60
10,3	8,29	13.3	10,75	16,3	13,24	19.3	15,69
10.4	8,37	13.4	10,83	16,4	13,32	19,4	15.78
10,5	8.45	13,5	10,91	16,5	13.40	19,5	15,86
10,6	8,53	13,6	10,99	16,6	13,48	19,6	15,94
10,7	8.61	13,7	11,07	16,7	13,56	19,7	16.03
10,8	8,69	13,8	11,15	16,8	13,64	19,8	16.11
10.9	8,77	13,9	11,23	16,9	13,72	19.9	16,20
11,0	8.87	14,0	11,33	17,0	13,80	20.0	16,28
11,1	8,95	14,1	11,41	17,1	13,88	20,1	16,36
11,2	9.03	14,2	11,49	17,2	13,96	20,2	16,45
11,3	9,11	14,3	11,58	17,3	14.04	20,3	16,53
11,4	9,19	14,4	11,66	17,4	14,12	20,4	16,62
11,5	9,27	14,5	11,74	17,5	14,20	20,5	15,70
11,6	9,35	14,6	11,82	17,6	14,28	20,6	16,78
11,7	9.43	14,7	11,90	17,7	14,36	20,7	16,87
11,8	9,51	14,8	11,99	17,8	14,44	20 8	16,95
11,9	9,59	14,9	12,07	17,9	14,52	20,9	17,04
12,0	9,69	15,0	12,15	18,0	14,62	21,0	17,12
12,1	9.77	15,1	12,23	18,1	14,70	21,1	17,20
12,2	9,85	15,2	12,31	18,2	14,78	21,2	17,29
12,3	9,93	15,3	12,39	18,3	14,86	21,3	17,37
12,4	10,01	15,4	12,48	18,4	14,94	21,4	17,45
12,5	10,09	15,5	12,56	18,5	15,02	21,5	17,54
12,6	10,17	15,6	12,64	18,6	15,10	21,6	17,62
12,7	10,25	15,7	12,72	18,7	15,18	21,7	17,70
12,8	10,33	15,8	12,81	18,8	15,26	21,8	17,78
12,9	10,41	15,9	12,89	18,9	15,34	21,9	17,87

TABLEAU III (*suite*)

%volume	./poids	%volume	./poids	%volume	./poids	%volume	./poids
22,0	17,95	25,0	20,46	28,0	22,99	31,0	25,55
22,1	18,03	25,1	20 54	28,1	23,07	31,1	25,64
22,2	18,12	25,2	20,62	28,2	23,16	31,2	25,72
22,3	18,20	25,3	20,71	28,3	23,24	31,3	25,81
22,4	18,29	25,4	20,79	28,4	23,33	31,4	25,89
22,5	18,37	25,5	20,88	28,5	23,41	31,5	25,98
22,6	18,45	25,6	20,96	28,6	23,50	31,6	26,06
22,7	18,54	25,7	21,05	28,7	25,58	31,7	26,15
22,8	18,62	25,8	21,13	28,8	23,67	31,8	26,23
22,9	18,71	25,9	21,22	28,9	23,75	31,9	26,31
23,0	18,79	26,0	21,30	29,0	23,84	32,0	26,40
23,1	18,87	26,1	21,38	29,1	23,92	32,1	26,49
23,2	18,96	26,2	21,46	29,2	24,01	32,2	26,57
23.3	19,04	26,3	21,55	29,3	24,09	32,3	26,66
23,4	19,12	26,4	21,63	29,4	24,18	32,4	26,74
23,5	19,21	26,5	21,72	29,5	24,26	32,5	26,83
23,6	19 29	26,6	21,80	29,6	24,35	32,6	26,92
23,7	19,37	26,7	21,89	29,7	24,43	32,7	27,00
23.8	19.45	26,8	21,97	29,8	24,52	32,8	27,09
23,9	19,54	26,9	22,05	29,9	24,60	32.9	27,17
24,0	19,62	27,0	22,14	30,0	24,69	33,0	27,26
24,1	19,70	27,1	22,22	30,1	24,78	33,1	27,35
24,2	19,78	27,2	22 31	30,2	24'86	33,2	27,44
24,3	19,87	27,3	22,39	30,3	24,95	33,3	27,52
24,4	19,95	27,4	22,48	30,4	25,03	33,4	27 61
24,5	20,03	27,5	22,56	30,5	25,12	33,5	27,69
24,6	20,12	27,6	22,65	30.6	25,20	33,6	27,78
24,7	20,20	27,7	22,73	30,7	25,29	33,7	27,86
24,8	20,28	27,8	22,82	30,8	25,39	33,8	27 95
24,9	20,37	27,9	22,90	30,9	25,47	33,9	28,04

TABLEAU III (suite)

%volume	./.poids	%volume	./.poids	%volume	./.poids	%volume	./.poids
34,0	28,13	37,0	30,74	40,0	33,39	43,0	36,08
34,1	28,22	37,1	30,83	40,1	33,48	43,1	36,17
34,2	28,30	37,2	30,92	40,2	33,57	43,2	36,26
34,3	28,39	37,3	31,00	40,3	33,66	43,3	36,35
34,4	28,48	37,4	31,09	40,4	33,75	43,4	36,46
34,5	28,56	37,5	31,18	40,5	33,84	43,5	36 55
34,6	28,65	37,6	31,27	40,6	33,93	43,6	36,64
34,7	28,73	37,7	31,36	40,7	34,02	43,7	36,73
34,8	28,81	37,8	31,45	40,8	34,11	43,8	36,82
34,9	28,90	37,9	31,54	40,9	34,20	43,9	36,90
35,0	28,99	38,0	31,62	41,0	34,28	44,0	36,99
35,1	29,08	38,1	31,71	41,1	34,37	44,1	37,08
35,2	29,17	38,2	31,80	41,2	34,46	44,2	37,17
35,3	29,26	38,3	31,89	41,3	34,55	44,3	37,26
35,4	29,34	38,4	31,97	41,4	34,64	44,4	37,35
35,5	29,43	38,5	32,06	41,5	34,73	44,5	37,45
35,6	29,52	38,6	32,15	41,6	34,82	44,6	37,54
35,7	29,61	38,7	32,24	41,7	34,91	44,7	37,63
35,8	29,69	38,8	32,33	41,8	35,00	44,8	37,72
35,9	29,78	38,9	32,42	41,9	35,09	44,9	37,81
36,0	29,86	39,0	32,50	42,0	35,18	45,0	37,90
36,1	29,95	39,1	32,59	42,1	35,27	45,1	37,99
36,2	30,04	39,2	32,68	42,2	35,36	45,2	38,09
36,3	30,13	39,3	32,77	42,3	35,45	45,3	38,18
36,4	30,21	39,4	32,86	42,4	35,54	45,4	38,27
36,5	30,30	39,5	32,95	42,5	35,63	45,5	38,36
36,6	30,39	39,6	33,03	42,6	35,72	45,6	38,45
36,7	30,48	39,7	33,12	42,7	35,81	45,7	38,55
36,8	30,57	39,8	33,21	42,8	35,90	45,8	38,64
36,9	30,66	39,9	33,30	42,9	36,99	45,9	38,73

TABLEAU III (*suite*)

%volume	‰poids	%volume	‰poids	%volume	‰poids	%volume	‰poids
46.0	38,82	49,0	41,59	52,0	44,42	55,0	47,29
46.1	38,91	49,1	41,68	52,1	44,51	55,1	47,39
46,2	39,00	49,2	41,78	52,2	44,61	55,2	47,48
46,3	39,09	49,3	41,87	52,3	44,70	55,3	47,58
46,4	39,19	49,4	41,96	52,4	44,80	55,4	47,68
46,5	39,28	49,5	42,05	52,5	44,89	55,5	47,77
46,6	39,37	49,6	42,15	52,6	44,99	55,6	47,87
46,7	39,46	49,7	42,24	52,7	45,08	55,7	47 97
46,8	39,55	49,8	42,33	52,8	45,18	55,8	48,06
46,9	39,64	49,9	42,43	52,9	45,28	55,9	48,16
47,0	39,73	50,0	42,52	53,0	45,37	56,0	48,26
47,1	37,82	50,1	42,61	53,1	45,46	56,1	48,36
47,2	39,91	50,2	42,71	53,2	45,56	56,2	48,46
47,3	40,01	50,3	42,80	53,3	45,65	56,3	48,55
47,4	40,10	50,4	42,89	53,4	45,75	56,4	48,65
47,5	40,19	50,5	42,99	53,5	45,84	56,5	48,74
47,6	40,29	50,6	43,08	53,6	45,94	56,6	48,84
47,7	40,38	50,7	43,17	53,7	46,03	56,7	48,94
47,8	40,47	50,8	43,27	53,8	46,13	56,8	49,03
47,9	40,57	50,9	43,37	53,9	46,22	56,9	49,13
48,0	40,66	51,0	43,47	54,0	46,32	57,0	49,23
48,1	40,75	51,1	43,56	54,1	46,42	57,1	49,33
48,2	40,85	51,2	43,66	54,2	46,51	57,2	49,43
48,3	40,94	51,3	43,75	54,3	46,61	57,3	49,52
48,4	41,03	51,4	43,85	54,4	46,70	57,4	49,62
48,5	41,12	51,5	43,94	54,5	46,80	57,5	49,72
48,6	41,22	51,6	44,04	54,6	46,90	57,6	49,81
48,7	41,31	51,7	44,13	54,7	46,99	57,7	49,91
48,8	41,41	51,8	44,23	54,8	47,09	57,8	50,01
48,9	41,50	51,9	44,32	54,9	47,19	57,9	50,11

TABLEAU III (suite)

°/₀ volume	·/· poids	°/₀ volume	·/· poids	°/₀ volume	·/· poids	°/₀ volume	·/· poids
58,0	50,21	61,0	53,20	64.0	56,23	67,0	59,33
58,1	50 31	61,1	53,3o	64,1	56,33	67,1	59,43
58,2	50,41	61,2	53,40	64,2	56 43	67,2	59,54
58,3	50,51	61,3	53,50	64,3	56,54	67,3	59,64
58,4	50,60	61,4	53,60	64,4	56,64	67,4	59 75
58,5	50,70	61,5	53,70	64,5	56.74	67,5	59,85
58,6	50,80	61,6	53,80	64,6	56,84	67,6	59 96
58,7	50,90	61,7	53,90	64,7	56,94	67,7	60,06
58,8	51,00	61,8	54,00	64,8	57,05	67,8	60,17
58,9	51,10	61,9	54,10	64,9	57,15	67,9	60,27
59,0	51,20	62,0	54,19	65,0	57,25	68,0	60,38
59,1	51,30	62,1	54,29	65,1	57,35	68,1	60,49
59,2	51,40	62,2	54,39	65,2	57,45	68,2	60,60
59,3	51,50	62,3	54,49	65,3	57.56	68,3	60,70
59,4	51,60	62,4	54,59	65,4	57,66	68,4	60,81
59,5	51,70	62,5	54.69	65,5	57,77	68,5	60,91
59,6	51,80	62,6	54,80	65,6	57,87	68,6	61,02
59,7	51,90	62,7	54.90	65,7	57,98	68,7	61,12
59,8	52.00	62,8	55.01	65,8	58,08	68,8	61,23
59,9	52.10	62,9	55,11	65,9	58,19	68,9	61,33
60,0	52,20	63,0	55,21	66,0	58,29	69,0	61,43
60,1	52,30	63,1	55,31	66,1	58,39	69,1	61,53
60,2	52,40	63,2	55,41	66,2	58,50	69,2	61,64
60,3	52,50	63,3	55,51	66,3	58,60	69,3	61,74
60,4	52,60	63,4	55,62	66,4	58.71	69,4	61,85
60,5	52,70	63,5	55,72	66,5	58,81	69,5	61,95
60,6	52,80	63,6	55,82	66,6	58.91	69,6	62,06
60,7	52,90	63,7	55,92	66,7	59,02	69,7	62,16
60,8	53,00	63,8	56,03	66,8	59,12	69,8	62,27
60,9	53,10	63,9	56,13	66.9	59,23	69,9	62,38

TABLEAU III (*suite*)

%/₀ volume	·/. poids	%/₀ volume	·/. poids	%/₀ volume	·/. poids	%/₀ volume	·/. poids
70,0	62,49	73,0	65,73	76,0	69,04	79,0	72,45
70,1	62,60	73,1	65,84	76,1	69,15	79 1	72,56
70,2	62,71	73,2	65,95	76,2	69,26	79,2	72,67
70,3	62,82	73,3	66,06	76,3	69,38	79,3	72,79
70,4	62.93	73,4	66,17	76,4	69,49	79,4	72,90
70,5	63,04	73,5	66 28	76,5	69,60	79,5	73,01
70,6	63,14	73,6	66.39	76,6	69,71	79,6	73,13
70,7	63,25	73,7	66,50	76,7	69,82	79,7	73,24
70,8	63,36	73,8	66,51	76,8	69,94	79,8	73,35
70,9	63,47	73,9	66,62	76,9	70,05	79,9	73,46
71,0	63,57	74,0	66,83	77,0	70,17	80,0	73,58
71,1	63,68	74,1	66,94	77,1	70,28	80,1	73,70
71,2	63,79	74,2	67,05	77,2	70,40	80,2	73,82
71,3	63,90	74,3	67,16	77,3	70,51	80,3	73,94
71,4	64,00	74,4	67,27	77,4	70,63	80,4	74,05
71,5	64,11	74,5	67,38	77,5	70,74	80,5	74,17
71,6	64,22	74,6	67,49	77,6	70,85	80,6	74,29
71,7	64,33	74,7	67,60	77,7	70,97	80,7	74,40
71,8	64,44	74,8	67,71	77,8	71,08	80,8	74,52
71,9	64,55	74,9	67,82	77,9	71,19	80,9	74,64
72,0	64,65	75,0	67,93	78,0	71,30	81,0	74,75
72,1	64,76	75,1	68,04	78,1	71,41	81,1	74,87
72,2	64,87	75,2	68,15	78,2	71,53	81,2	74,99
72,3	64,98	75,3	68,26	78,3	71,64	81,3	75,10
72,4	65,09	75,4	68,37	78,4	71,76	81,4	75,22
72,5	65,19	75,5	68,48	78,5	71,87	81,5	75,34
72,6	65,30	75,6	68,59	78,6	71,99	81,6	75,46
72,7	65,41	75,7	68,70	78,7	72,11	81,7	75,57
72,8	65,52	75,8	68,81	78,8	72,33	81,8	75,69
72,9	65,63	75,9	68,93	78,9	72,34	81,9	75,80

TABLEAU III (suite)

%volume	·/. poids	%volume	·/. poids	%volume	·/. poids	%volume	·/. poids
82,0	75,91	85,0	79.50	88,0	83,19	91,0	87,06
82,1	76,03	85,1	79.62	88,1	83,32	91,1	87,19
82,2	76,15	85,2	79,74	88,2	83,45	91,2	87,32
82,3	76,27	85,3	79.87	88,3	83,57	91,3	87,46
82,4	76,39	85,4	79.99	88,4	83,70	91,4	87,59
82,5	76,50	85,5	80,11	88,5	83,83	91,5	87,72
82,6	76,62	85,6	80,24	88,6	83,96	91,6	87,85
82,7	76.74	85,7	80.36	88,7	84,08	91,7	87,98
82,8	76,86	85,8	80,48	88,8	84,21	91,8	88,12
82,9	76,98	85,9	80,61	88,9	84,34	91,9	88,25
83,0	77,09	86,0	80,74	89,0	84,46	92,0	88,38
83,1	77,21	86,1	80,86	89,1	84,59	92,1	88,51
83,2	77,33	86,2	80,98	89,2	84,72	92,2	88,64
83,3	77,45	86,3	81,10	89 3	84,85	92,3	88,77
83,4	77,57	86,4	81,23	89,4	84,98	92,4	88,91
83,5	77,69	86,5	81,35	89,5	85,11	92,5	89,04
83,6	77,81	86,6	81,47	89,6	85,24	92.6	89,17
83,7	77,93	86,7	81,59	89,7	85,37	92,7	89,31
83,8	78,05	86,8	81,71	89.8	85,50	92,8	89,44
83,9	78,17	86,9	81,83	89,9	85,63	92,9	89,57
84,0	78,29	87,0	81,95	90,0	85,76	93,0	89,71
84,1	78,41	87,1	82,07	90,1	85,89	93,1	89,84
84,2	78,53	87,2	82,19	90,2	86,02	93,2	89,98
84,3	78,65	87,3	82,32	90,3	86,15	93,3	90,11
84,4	78,77	87,4	82,44	90,4	86,28	93,4	90,25
84,5	78,89	87,5	82,56	90,5	86,41	93,5	90,38
84,6	79,01	87,6	82,69	90,6	86,54	93,6	90,52
84,7	79,13	87,7	82,81	90,7	86,67	93,7	90,65
84,8	79,25	87,8	82,93	90,8	86,80	93,8	90,79
84,9	79,38	87,9	83,06	90,9	86,93	93,9	90,93

TABLEAU III (suite)

% volume	·/· poids	% volume	·/· poids	% volume	·/· poids	% volume	·/· poids
94,0	91,08	95,5	93,17	97,0	95,34	98,5	97,61
94,1	91,22	95,6	93,31	97,1	95,49	98,6	97,76
94,2	91,36	95,7	93.45	97,2	95,64	98,7	97.92
94,3	91,50	95,8	93.60	97,3	95,79	98,8	98,07
94,4	91,63	95,9	93,94	97,4	95,94	98,9	98,23
94,5	91,77	96,0	93,89	97,5	96.09	99,0	98,39
94,6	91,91	92,1	94,03	97,6	96,24	99,1	98,55
94,7	92,05	96,2	94,18	97,7	96,39	99,2	98,71
94,8	92,19	96,3	94,32	97,8	96,54	99,3	98,87
94,9	92,33	96,4	94,47	97,9	96,69	99,4	99,04
95,0	92,46	96,5	94,61	98,0	96,84	99,5	99.20
95,1	92,60	96,6	94,76	98,1	97,00	99,6	99,36
95,2	92,74	96,7	94,90	98,2	97,15	99,7	99,52
95,3	92,88	96,8	95,05	98,3	97,31	99,8	99,68
95,4	93,02	96,9	95,19	98,4	97,45	99,9	99,84
						100,0	100,00

TABLEAU IV

Comparaison des aréomètres moins lourds que l'eau
et des densités des mélanges d'eau et d'alcool.

Densimètres		Centièmes en poids	Alcoomètres		Degrés		Degrés Hollandais (Vochmeter)	Hydromètres Sykes
Brix (temp. 15°,5)	Gay-Lussac (temp. 15°)		Gay-Lussac cent. en vol.	Cartier	Baumé	Beck		
1,0000	1,0000	0	0	10	10	0,0	0	100U.P
9985	9985	0,80	1	10,250				98 4
9970	9970	1,60	2	10,375			0,3	96,6
9956	9956	2,40	3	10,625			//	95,0
9942	9942	3,20	4	10.750		1,0	0,7	92,2
9928	9929	4,04	5	10,875	11	1,2	0,9	91,1
9915	9916	4,81	6	11,125		1,4	1,1	89,6
9902	9903	5,62	7	11,250		1,6	1,3	87,8
9890	9891	6.43	8	11.500		1,9	1,5	85,6
9878	9879	7,24	9	11,625		2,1	1,7	84,0
9866	9867	8,05	10	11,750	12	2,3	1,9	82,4
9854	9855	8,87	11	11,875		2,5	2,1	80,3
9844	9845	9,67	12	12,125		2,7	2,3	78,8
9832	9833	10,51	13	12,250		2,9	2,5	77,4
9821	9822	11,33	14	12,375		3,1	2,6	76,0
9811	9812	12,15	15	12.500		3,3	2,7	73,6
9800	9802	12,98	16	12,625	13	3,5	2,8	71,8
9790	9792	13,80	17	12,750		3,6	3,0	70,7
9780	9782	14,63	18	12,875		3,8	3,1	68,8
9770	9773	15,46	19	12		4,0	3,2	67,1

TABLEAU IV (*suite*)

Densimètres		Centième en poids	Alcoomètres		Degrés		Degrés Hollandais (Vochmeter)	Hydromètres Sykers
Brix (temp. 15°,5)	Gay-Lussae (temp 15°)		Gay-Lussac cent. en vol.	Cartier	Baumé	Beck		
1.9760	1,9763	16.28	20	13,250		4,2	3,4	65,5
9750	9753	17,11	21	13,375		4,4	3,6	64,0
9740	9742	17.95	22	13,500		4,6	3,7	62,0
9729	9732	18,78	23	13,625	14	4,8	3,9	57,5
9719	9721	19,62	24	13,750		4,9	4,1	58
9709	9711	20,46	25	13,875		5,1	4,2	56,2
9698	9700	21,30	26	14,125		5,3	4,3	54,4
9688	9690	22,14	27	14,250		5,5	4,5	53,8
9677	9679	22,99	28	14,375		5,7	4,7	51,0
9666	9668	23,84	29	14,500	15	5,9	4,8	49,8
9655	9677	24,69	30	14,625		6,1	5,0	47,4
9643	9645	25,55	31	18,875		6,4	5,1	46,0
9631	9633	26.41	32	15		6,6	5,2	44,2
9618	9621	27,27	33	15,250		6,8	5,4	42,5
9605	9608	28,13	34	15,375	16	7,0	5,6	40,8
9592	9594	28.99	35	15,625		7,2	5,8	39,2
9579	9581	29.86	36	15,750		7,5	6,0	37,4
9565	9567	30,74	37	16		7,7	6,2	35,5
9550	9553	31,62	38	16,125		8,0	6,5	33,8
9535	9538	32,50	39	16,375		8,3	6,8	32.1
9519	9523	33,39	40	16.625		8,6	7,2	30,3
9503	9507	34,28	41	16,875	17	9,0	7,5	28.7
9487	9491	35,18	42	17,125		9,2	7,7	26,8
9470	9474	36,08	43	17,375	18	9 5	7,9	25,2

TABLEAU IV (suite)

| Densimètres | | Centièmes en poids | Alcoomètres | | Degrés | | Degrés Hollandais (Voehmeter) | Hydromètres Sykers |
Prix temp. 15°.5	Gay-Lussac (temp. 15°)		Gay-Lussac cent. en vol.	Cartier	Baumé	Beck		
1,9452	1,9457	36,99	44	17,625		9,8	8,2	23,6
9435	9440	37,90	45	17,875		10,2	8,5	21,9
9417	9422	38,82	46	18,125	19	10,5	8,8	20,0
9899	9404	39,74	47	18,375		10,9	9,2	18,1
9381	9386	40,66	48	18,625		11,2	9,5	16,0
9362	9367	41,59	49	18,875		11,6	9,8	14,1
9343	9348	42,52	50	19,250	20	11,9	10,2	12,4
0,9323	0,9329	43,47	51	19,500	//	//	10,5	10,9
9303	9309	44,42	52	19,750	//	//	10,9	9,0
9283	9289	45,36	53	20,125	21	//	11,2	7,2
9262	9269	46,32	54	20,375	//	21	11,5	5,5
9242	9248	47,29	55	20,750	//	//	11,9	3,8
9221	9227	48,26	56	21	22	//	12,2	2,2
9200	9206	49,23	57	21,375	//	22	12,6	0,7
9178	9185	50,21	58	21,750	23	//	12,9	1, 0.r
9156	9163	51,20	59	22	//	//	13,3	2,8
9134	9141	52,20	60	22,375	//	23	13,7	4,6
9112	9119	53,20	61	22,750	24	//	14,1	6,4
9090	9096	54,21	62	23,125	//	//	14,5	8,2
9067	9073	55,21	62	23,500	25	24	14,9	10
9044	9050	56,22	64	23,875	//	//	15,3	11,6
9021	9027	57,24	65	24,250	//	25	15,7	13,2
8997	9004	58,27	66	24,625	26	//	16,1	14,8
8973	8980	59,32	67	25	. //	//	16,5	16,6

TABLEAU IV (suite)

Densimètres		Centièmes en poids	Alcoomètres		Degrés		Degrés Hollandais (Voehmeter)	Hydromètres Sykero
Prix (temp 15.5°)	Gay-Lussac (temp. 15)		Gay-Lussac cent. en vol.	Cartier	Baumé	Beck		
1·8949	0,8956	60,38	68	25,375	27	26	16,9	18,4
8925	8932	61,43	69	25,750	//	//	17,4	20,4
8900	8907	62,49	70	26,250	28	27	17,8	22,1
8875	8882	63,57	71	26,625	//	//	18,3	24
8850	8857	64,65	72	27	//	//	18,7	25,8
8824	8831	65,73	73	27,500	29	28	19,2	27,6
8799	8805	66,83	74	27,875	//	//	19,7	29,4
8773	8779	67,93	75	28,375	30	29	20,2	31,2
8747	8753	69,04	76	28,875	//	//	20,6	32,9
8720	8726	70,17	77	29,250	31	30	21,1	34,6
8693	8699	71,30	78	29,750	//	//	21,7	36,3
8664	8672	72,45	79	30,250	32	//	22,2	38,1
8639	8645	73,58	8c	30,750	32	31	22,7	39,9
8611	8617	74,75	81	31,250	33	//	23,3	41,7
8583	8589	75,96	82	31,750	34	32	23,8	43,5
8555	8560	77,18	83	32,250	//	//	24,4	45,4
8526	8531	78,29	84	32,750	35	33	24,9	47,2
8496	8502	79,50	85	33,250	//	//	25,5	48,9
8466	8472	80,70	86	33,875	36	34	26,0	50,6
8436	8442	81,95	87	34,375	37	35	26,6	52,4
8405	8411	83,17	88	35	//	//	27,3	54,2
8373	8379	84,46	89	35,625	38	36	28,0	56,0
8340	8346	85,76	90	36,125	//	//	28,6	57,8
8306	8312	87,07	91	36,875	39	37	29,3	59,6

TABLEAU IV (*suite*)

Densimètres		Centièmes en poids	Alcoomètres		Degrés		Degrés Hollandais (Vochmeter)	Hydromètres Sykers
Prix (temp. 15°,5)	Gay-Lussac (temp. 15)		Gay-Lussac cent. en vol.	Cartier	Baumé	Beck		
1,8272	0,8278	88,38	92	37,500	40	38	29,9	61,4
8237	8242	89,70	93	38,250	41	//	30,7	63,2
8201	8206	91,01	94	38,875	//	39	31,5	65,0
8164	8168	92,46	95	38,625	42	40	32,4	66,7
8125	8128	93,89	96	40,500	43	//	33,3	68,5
8084	8086	95,35	97	41,250	44	41		
8041	8042	96,84	98	42,250	45	42		
7995	7994	98,39	99	43,125	46	43		
7946	7949	100,00	100	44,125	47	//		

TABLEAU V

Conversions des degrés de l'alcoomètre Cartier en degrés centésimaux

Cartier	°/₀	Cartier	°/₀	Cartier	°/₀	Cartier	°/₀
10	0,0	19	49,2	27	71,8	35	88
11	5,3	20	52,5	28	74	36	89,6
12	11,3	21	55,7	29	76,3	37	91,1
13	18,4	22	58,7	30	78,4	38	92,6
14	25,4	23	61,5	31	80,5	39	94
15	31,7	24	64,2	32	82,4	40	95,4
16	37	25	66,9	33	84,3	41	96,6
17	41,5	26	69,4	34	86,2	42	97,7
18	45,5					43	98,8

TABLEAU VI

Densité	Over proof.	Densité	Over proof.	Densité	Over proof.	Densité	Over proof.
0,8156	67.0	0,8252	62,3	0,8347	57,5	0,8441	52,5
8160	66,8	8256	62.2	8351	57,3	8445	52,3
8163	66,6	8259	62.0	8354	57,1	8448	52,1
8167	66,5	8263	61,8	8358	56,9	8452	51,9
8170	66,3	8266	61.6	8362	56,8	8455	51,7
8174	66,1	8270	61,4	8365	56,6	8459	51,5
8178	65,9	8273	61,3	8369	56,4	8462	51,3
8181	65,8	8277	61,1	8372	56,2	8465	51,1
8185	65,6	8280	60,9	8376	56,0	8469	50,9
8188	65,5	8284	60.7	8379	55,9	8472	50,7
8192	65,3	8287	60,5	8383	55,7	8476	50,5
8196	65,1	8291	60,4	8386	55,5	8480	50,3
8199	65,0	8294	60,2	8390	55,3	8482	50,1
8203	64,8	8298	60,0	8393	55,1	8486	49,9
8206	64.7	8301	59.8	8396	55,0	8490	49,7
8210	64,5	8305	59,6	8400	54,8	8493	49,5
8214	64,3	8308	59.5	8403	54,6	8496	49,3
8218	64,1	8312	59,3	8407	54,4	8499	49,1
8221	64,0	8315	59,1	8410	54,2	8503	48,9
8224	63,8	8319	58,9	8413	54,1	8506	48,7
8227	63,6	8322	58,7	8417	53,9	8510	48,5
8231	63,4	8326	58.6	8420	53,7	8513	48,3
8234	63,2	8329	58,4	8424	53,5	8516	48.0
8238	63,1	8333	58.2	8427	53,3	8520	47,8
8242	62,9	8336	58,0	8431	53,1	8523	47,6
8245	62,7	8340	57,8	8434	52,9	8527	47,4
8249	62,5	8344	57,7	8438	52,7	8530	47,2

TABLEAU VI (suite)

Densité	Over proof.	Densité	Over proof.	Densité	Over proof.	Densité	Over proof.
0,8533	47,0	0,8625	41,3	0,8720	35,2	0,8814	28,8
8537	46,8	8629	41,1	8723	35,0	8818	28,5
8540	46,6	8632	40,9	8727	34,7	8822	28,3
8543	46,4	8636	40,6	8730	34,5	8825	28,0
8547	46,2	8639	40,4	8734	34,3	8829	27,8
8550	46,0	8643	40,2	8737	34,1	8832	27,5
8553	45,8	8646	40,0	8741	33,8	8836	27,3
8556	45,6	8650	39,8	8744	33,6	8840	27,0
8560	45,4	8653	39,6	8748	33,4	8843	26,8
8563	45,2	8657	39,3	8751	33,2	8847	26,5
8566	45,0	8660	39,1	8755	32,9	8850	26,3
8570	44,8	8664	38,9	8758	32,7	8854	26,0
8573	44,6	8667	38,7	8762	32,4	8858	25,8
8577	44,4	8671	38,4	8765	32,2	8861	25,5
8581	44,2	8674	38,2	8769	32,0	8865	25,3
8583	43,9	8678	38,0	8772	31,7	8869	25,0
8587	43,7	8681	37,8	8776	31,5	8872	24,8
8590	43,5	8685	37,6	8779	31,2	8876	24,5
8594	43,3	8688	37,3	8783	31,0	8879	24,3
8597	43,1	8692	37,1	8786	30,8	8883	24,0
8601	42,8	8695	36,9	8790	30,5	8886	23,8
8604	42,6	8699	36,7	8793	30,3	8890	23,5
8608	42,4	8702	36,4	8797	30,0	8894	23,2
8611	42,2	8706	36,2	8800	29,8	8897	23,0
8615	42,0	8709	35,9	8804	29,5	8901	22,7
8618	41,7	8713	35,7	8807	29,3	8904	22,5
8622	41,5	8716	35,5	8811	29,0	8908	22,2

TABLEAU VI (suite)

Densité	Over proof.	Densité	Over proof.	Densité	Over proof.	Densité	Under proof.
0,8912	21,9	0,9011	14,8	0,9111	7,1	0,9207	0,6
8915	21,7	9015	14,5	9115	6,8	9210	0,9
8919	21,4	9019	14,2	9118	6,5	9214	1,3
8922	21,2	9023	13,9	9122	6,2	9218	1,6
8926	20,9	9026	13,6	9126	5,9	9222	1,9
8930	20,6	9030	13,4	9130	5,6	9226	2,2
8933	20,4	9034	13,1	9134	5,3	9229	2,5
8937	20,1	9038	12,8	9137	5,0	9233	2,8
8940	19,9	9041	12,5	9141	4,8	9237	3,1
8944	19,6	9045	12,2	9145	4,5	9241	3,4
8948	19,3	9049	12,0	9148	4,2	9244	3,7
8951	19,1	9052	11,7	9152	3,9	9248	4,0
8955	18,8	9056	11,4	9156	3,6	9252	4,4
8959	18,6	9060	11,1	9159	3,3	9255	4,7
8962	18,3	9064	10,8	9163	3,0	9259	5,0
8966	18,0	9067	10,6	9167	2,7	9263	5,3
8970	17,7	9071	10,3	9170	2,4	9267	5,7
8974	17,5	9075	10,0	5174	2,1	9270	6,0
8977	17,2	9079	9,7	9178	1,9	9274	6,4
8981	16,9	9082	9,4	9182	1,6	9278	6,7
8985	16,6	9085	9,2	9185	1,3	9282	7,0
8989	16,4	9089	8,9	9189	1,0	9286	7,3
8992	16,1	9093	8,6	9192	0,7	9291	7,7
8996	15,9	9097	8,3	9196	0,3	9295	8,0
9000	15,6	9100	8,0	9200	Proof.	9299	8,3
9004	15,3	9104	7,7	Under proof.		9302	8,6
9008	15,0	9107	7,4	9204	0,3	9306	9,0

TABLEAU VI (*suite*)

Densité	Under proof.	Densité	Under proof.	Densité	Under proof.	Densité	Under proof.
0,9310	9,3	0,9415	18,9	0,9519	29,7	0,9623	42,8
9314	9,7	9419	19,3	9522	30,1	9627	43,3
9318	10,0	9422	19,7	9526	30,6	9631	43,9
9322	10,3	9426	20,0	9530	31,0	9635	44,4
9326	10,7	9430	20,4	9534	31,4	9638	45,0
9329	11,0	9434	20,8	9539	31,9	9642	45,5
9332	11,4	9437	21,2	9542	32,3	9646	46,1
9337	11,7	9441	21,6	9546	32,8	9650	46,7
9341	12,1	9445	21,9	9550	33,2	9654	47,3
9345	12,4	9448	22,2	9553	33,7	9657	47,9
9349	12,8	9452	22,7	9557	34,2	9661	48,5
9353	13,1	9456	23,1	9561	34,7	9665	49,1
9357	13,5	9460	23,5	9565	35,1	9669	49,7
9360	13,9	9464	23,9	9569	35,6	9674	50,3
9364	14,2	9468	24,3	9573	36,1	9677	51,0
9368	14,6	9472	24,7	9577	36,6	9681	51,6
9372	14,9	9476	25,1	9580	37,1	9685	52,2
9376	15,3	9480	25,5	9584	37,6	9689	52,9
9380	15,7	9484	25,9	9588	38,1	9693	53,3
9384	16,0	9488	26,3	9592	38,6	9697	54,2
9388	16,4	9492	26,7	9596	39,1	9701	54,8
9392	16,7	9496	27,1	9599	39,6	9705	55,5
9396	17,1	9499	27,5	9603	40,1	9709	56,2
9399	17,5	9503	28,0	9607	40,6	9713	56,9
9403	17,8	9507	28,5	9611	41,1	9718	57,6
9407	18,2	9511	28,8	9615	41,7	9722	58,3
9411	18,5	9515	29,2	9619	42,2	9726	59,0

TABLEAU VI (suite)

Densité	Under proof.	Densité	Under proof.	Densité	Under proof.	Densité	Under proof.
0,9730	59,7	0,9802	72,1	0,9870	82,9	0,9938	92,3
9734	60,4	9806	72,8	9874	83,5	9942	92,8
9738	61,1	9810	73,5	9878	84,0	9946	93,3
9742	61,8	9814	74,1	9882	84,6	9950	93,8
9746	62,5	9818	74,8	9886	85,2	9954	94,3
9750	63,2	9822	75,4	9890	85,8	9958	94,9
9754	63,9	9826	76,1	9894	86,3	9962	95,4
9758	64,6	9830	76,7	9898	86,9	9966	95,9
9762	65,3	9834	77,3	9902	87,4	9970	96,4
9766	66,0	9838	78,0	9906	88,0	9974	96,8
9770	66,7	9842	78,6	9910	88,5	9978	97,3
9774	67,4	9846	79,2	9914	89,1	9982	97,7
9778	68,0	9850	79,8	9918	89,6	9986	98,2
9782	68,7	9854	80,4	9922	90,2	9990	98,7
9786	69,4	9858	81,1	9926	90,7	9993	99,1
9790	70,1	9862	81,7	9930	91,2	9997	99,6
9794	70,8	9866	82,3	9934	91,7	1,0000	100,0
9798	71,4						

TABLEAU VII

Proportions d'alcool en volumes et volumes réels pour différentes températures.

Degrés du thermomètre	Degrés de l'alcoomètre									
	1	2	3	4	5	6	7	8	9	10
0	1,3	2,4	3,4	4,4	5,4	6,5	7,5	8,6	9,7	10,9
	1000	1000	1000	1000	1000	1001	1001	1001	1001	1001
1										
2										
3										
4										
5	1,4	2,5	3,5	4,5	5,5	6,6	7,7	8,7	9,8	10,9
	1001	1001	1001	1001	1001	1001	1001	1001	1001	1001
6										
7										
8										
9										
10	1,4	2,4	3,4	4,5	5,5	6,5	7,5	8,5	9,5	10,6
	1000	1000	1001	1001	1001	1001	1001	1001	1001	1001
11	1,3	2,4	3,4	4,4	5,4	6,4	7,4	8,4	9,4	10,5
	1000	1000	1000	1001	1001	1001	1001	1001	1001	1001
12	1,2	2,3	3,3	4,3	5,3	6,3	7,3	8,3	9,3	10,4
	1000	1000	1000	1000	1000	1000	1000	1000	1000	1000
13	1,2	2,2	3,2	4,2	5,2	6,2	7,2	8,2	9,2	10,3
	1000	1000	1000	1000	1000	1000	1000	1000	1000	1000
14	1,1	2,1	3,1	4,1	5,1	6,1	7,1	8,1	9,1	10,2
	1000	1000	1000	1000	1000	1000	1000	1000	1000	1000

TABLEAU VII (*suite*)

Degrés du thermomètre	Degrés de l'alcoomètre									
	1	2	3	4	5	6	7	8	9	10
15	1	2	3	4	5	6	7	8	9	10
	1000	1000	1000	1000	1000	1000	1000	1000	1000	1000
16	0,9	1,9	2,9	3,9	4,9	5,9	6,9	7,9	8,9	9,9
	1000	1000	1000	1000	1000	1000	1000	1000	1000	1000
17	0,8	1,8	2,8	3,8	4,8	5,8	6,8	7,8	8,8	9,8
	1000	1000	1000	1000	1000	1000	1000	1000	1000	1000
18	0,7	1,7	2,7	3,7	4,7	5,7	6,7	7,7	8,7	9,7
	1000	1000	1000	1000	1000	1000	1000	1000	1000	1000
19	0,6	1,6	2,6	3,6	4,5	5,5	6,5	7,5	8,5	9,5
	999	999	999	999	999	999	999	999	999	999
20	0,5	1,5	2,4	3,4	4,4	5,4	6,4	7,3	8,3	9,3
	999	999	999	999	999	999	999	999	999	999
21	0,4	1,4	2,3	3,3	4,3	5,2	6,2	7,1	8,1	9,1
	999	999	999	999	999	999	999	999	999	999
22	0,3	1,3	2,2	3,2	4,1	5,1	6,1	7	7,9	8,9
	999	999	999	999	999	999	999	999	999	999
23	0,1	1,1	2,1	3,1	4	4,9	5,9	6,8	7,8	8,7
	999	999	999	999	999	999	999	998	998	998
24		1	1,9	2,9	3,8	4,8	5,8	6,7	7,6	8,5
		998	998	998	998	998	998	998	998	998
25		0,8	1,7	2,7	3,6	4,6	5,5	6,5	7,4	8,3
		998	998	998	998	998	998	998	998	998
26		0,7	1,6	2,6	3,5	4,4	5,4	6,3	7,2	8,1
		998	998	998	998	998	998	998	998	998
27		0,5	1,5	2,4	3,3	4,3	5,2	6,1	7	7,9
		998	998	998	998	998	998	998	998	998
28		0,3	1,3	2,2	3,1	4,1	5	5,9	6,8	7,7
		997	997	997	997	997	997	997	997	997
29		0,1	1,1	2	2,9	3,9	4,8	5,7	6,6	7,5
		997	997	997	997	997	997	997	997	997
30		0,0	0,9	1,9	2,8	3,7	4,6	5,5	6,4	7,3
		997	997	997	997	997	997	997	997	997

TABLEAU VII (suite)

Degrés du thermomètre	Degrés de l'alcoomètre									
	11	12	13	14	15	16	17	18	19	20
0	12,2	13,4	14,7	16,1	17,5	18,9	20,3	21,6	22,9	24,2
	1001	1002	1002	1002	1002	1003	1003	1004	1004	1004
1		13,4	14,7	16	17,3	18,7	20	21,3	22,6	23,9
		1002	1002	1002	1002	1003	1003	1003	1004	1004
2		13,4	14,7	16	17,2	18,5	19,8	21,1	22.3	23,6
		1002	1002	1002	1002	1003	1003	1003	1004	1004
3		13,3	14,6	15,9	17,1	18,3	19,6	20,8	22	23,3
		1001	1002	1002	1002	1002	1003	1003	1003	1004
4		13,3	14,5	15,8	16,9	18,1	19,4	20,6	21,8	23
		1001	1002	1002	1002	1002	1002	1003	1003	1003
5	12,1	13,2	14,4	15,7	16,8	18	19,2	20,4	21,5	22,7
	1001	1001	1001	1002	1002	1002	1002	1003	1003	1003
6		13,1	14,3	15,6	16,7	17,8	19	20,2	21,3	22,4
		1001	1001	1002	1002	1002	1002	1003	1003	1003
7		13	14,2	15,4	16,6	17,7	18,8	20	21	22,1
		1001	1001	1001	1002	1002	1002	1002	1002	1002
8		13	14,1	15.3	16,4	17,5	18,6	19,7	20,7	21,8
		1001	1001	1001	1001	1001	1002	1002	1002	1002
9		12,9	14	15,1	16,2	17,3	18,4	19,5	20,5	21,6
		1001	1001	1001	1001	1001	1001	1001	1002	1002
10	11,7	12,7	13,8	14,9	16	17	18,1	19,2	20,2	21,3
	1001	1001	1001	1001	1001	1001	1001	1001	1001	1001
11	11,6	12,6	13,6	14,7	15,8	16,8	17,9	19	20	21
	1001	1001	1001	1001	1001	1001	1001	1001	1001	1001
12	11,5	12,5	13,5	14,6	15,6	16,6	17,6	18,7	19,7	20,7
	1000	1001	1001	1001	1001	1001	1001	1001	1001	1001
13	14,4	12,4	13,4	14,4	15,4	16,4	17,4	18,5	19,5	20,5
	1000	1000	1000	1000	1000	1000	1000	1000	1000	1000
14	11,2	12,2	13,2	14,2	15,2	16,2	17,2	18,2	19,2	20,2
	1000	1000	1000	1000	1000	1000	1000	1000	1000	1000

TABLEAU VII (suite)

Degrés du thermomètre	Degrés de l'alcoomètre									
	11	12	13	14	15	16	17	18	19	20
15	11	12	13	14	15	16	17	18	19	20
	1000	1000	1000	1000	1000	1000	1000	1000	1000	1000
16	10,9	11,9	12.9	13,9	14,9	15,9	16,9	17,8	18,7	19,7
	1000	1000	1000	1000	1000	1000	1000	1000	1000	1000
17	10,8	11,7	12,7	13,7	14,7	15,6	16,6	17,5	18,4	19,4
	1000	1000	1000	1000	1000	1000	1000	1000	999	999
18	10.7	11,6	12,5	13,5	14,5	15,4	16,3	17,3	18,2	19,1
	1000	1000	999	999	999	999	999	999	999	999
19	10,5	11,4	12,4	13,3	14,3	15,2	16,1	17	17,9	18.8
	999	999	999	999	999	999	999	999	999	999
20	10,3	11,2	12,2	13,1	14	14,9	15,8	16,7	17.6	18,5
	999	999	999	999	999	999	999	999	999	999
21	10,1	11	11,9	12,8	13,7	14,6	15,5	16,4	17,3	18,2
	999	999	999	990	999	999	998	998	998	998
22	9,9	10,8	11,7	12,6	13,5	14,4	15,3	16,2	17	17,9
	999	999	999	998	998	998	998	998	998	998
23	9,7	10,6	11,5	12,4	13,3	14,1	15	15,9	16,7	17,6
	998	998	998	998	998	998	998	998	998	998
24	9,5	10,4	11,3	12,2	13,1	13,9	14,8	15,7	16,5	17,4
	998	998	998	998	998	998	998	998	997	997
25	9,3	10,2	11,1	12	12,8	13,6	14,5	15,4	16,2	17,1
	998	998	998	998	998	998	997	997	997	997
26	9	9,9	10,8	11,7	12,6	13,4	14,2	15,1	15,9	16,8
	998	997	997	997	997	997	997	997	997	997
27	8,8	9,7	10,6	11,5	12,3	13,1	14	14,8	15,6	16,5
	997	997	997	997	997	997	997	997	997	997
28	8,6	9,5	10,3	11,2	12	12,8	13,7	14,5	15,3	16,1
	997	997	997	997	997	996	996	996	996	996
29	8,4	9,2	10,1	11	11,8	12,6	13,4	14,2	15	15,8
	997	997	997	997	996	996	996	996	996	996
30	8,1	9	9,8	10,7	11,5	12,3	13,1	13,9	14,7	15,5
	997	996	996	996	996	996	996	996	996	996

TABLEAU VII (suite)

Degrés du thermomètre	Degrés de l'alcoomètre									
	21	22	23	24	25	26	27	28	29	30
0	25,6	27	28,4	29,7	30,9	32,1	33,2	34,3	35,3	36,3
	1005	1005	1006	1006	1007	1007	1007	1008	1008	1008
1	25,3	26,7	28	29,2	30,4	31,6	32,7	33,8	34,8	35,8
	1005	1005	1005	1006	1006	1006	1007	1007	1007	1008
2	24,9	26,3	27,5	28,8	30	31,2	32,3	33,3	34,4	35,4
	1004	1005	1005	1005	1006	1006	1006	1006	1007	1007
3	24,6	25,9	27,1	28,4	29,6	30,8	31,9	32,9	33,9	34,9
	1004	1005	1005	1005	1005	1006	1006	1006	1007	1007
4	24,3	25,6	26,8	28	29,2	30,4	31,4	32,5	33,5	34,5
	1004	1004	1005	1005	1005	1005	1005	1005	1006	1006
5	24	25,2	26,4	27,6	28,8	30	31	32,1	33,1	34,1
	1003	1003	1004	1004	1004	1004	1005	1005	1005	1005
6	23,6	24,9	26	27,2	28,4	29,6	30,6	31,6	32,6	33,6
	1003	1003	1004	1004	1004	1004	1005	1005	1005	1005
7	23,3	24,6	25,7	26,9	28	29,2	30,2	31,2	32,2	33,2
	1002	1003	1003	1003	1003	1003	1004	1004	1004	1004
8	23	24,2	25,3	26,5	27,6	28,8	29,8	30,8	31,8	32,8
	1002	1002	1003	1003	1003	1003	1003	1003	1003	1003
9	22,7	23,9	25	26,1	27,2	28,4	29,4	30,4	31,4	32,4
	1002	1002	1002	1002	1002	1003	1003	1003	1003	1003
10	22,4	23,5	24,6	25,7	26,8	27,9	29	30	31	32
	1001	1002	1002	1002	1002	1002	1002	1002	1002	1002
11	22,1	23,2	24,3	25,4	26,5	27,6	28,6	29,6	30,6	31,6
	1001	1001	1001	1001	1002	1002	1002	1002	1002	1002
12	21,8	22,9	24	25,1	26,1	27,2	28,2	29,2	30,2	31,2
	1001	1001	1001	1001	1001	1001	1001	1001	1001	1001
13	21,5	22,6	23,6	24,7	25,7	26,8	27,8	28,8	29,8	30,8
	1001	1001	1001	1001	1001	1001	1001	1001	1001	1001
14	21,2	22,3	23.3	24,3	25,3	26,4	27,4	28,4	29,4	30,4
	1000	1000	1000	1000	1000	1000	1000	1000	1000	1000

TABLEAU VII (suite)

Degrés du thermomètre	Degrés de l'alcoomètre									
	21	22	23	24	25	26	27	28	29	30
15	21	22	23	24	25	26	27	28	29	30
	1000	1000	1000	1000	1000	1000	1000	1000	1000	1000
16	20,7	21,7	22,7	23,7	24,7	25,7	26,6	27,6	28,6	29,6
	1000	1000	1000	1000	1000	1000	1000	1000	1000	1000
17	20,4	21,4	22,4	23,4	24,4	25,4	26,3	27,3	28,2	29,2
	999	999	999	999	999	999	999	999	999	999
18	20,1	21,1	22	23	24	25	25,9	26,9	27,8	28,8
	999	999	999	999	999	999	999	999	999	999
19	19,8	20,8	21,7	22,7	23,6	24,6	25,5	26,5	27,4	28,4
	999	999	999	999	998	998	998	998	998	999
20	19,5	20,5	21,4	22,4	23,3	24,3	25,2	26,1	27,1	28
	999	998	998	998	998	998	998	998	998	998
21	19,1	20,1	21,1	22,1	22	23,9	24,8	25,7	26,7	27,6
	998	998	998	998	998	998	998	998	997	997
22	18,8	19,8	20,7	21,7	22,6	23,6	24,4	25,3	26,3	27,2
	998	998	998	997	997	997	997	997	997	997
23	18,5	19,5	20,4	21,4	22,3	23,2	24,1	25	25,9	26,8
	998	997	997	997	997	997	997	997	997	997
24	18,3	19,2	20,1	21,1	21,9	22,8	23,7	24,6	25,5	26,4
	997	997	997	997	997	997	997	996	996	996
25	18	18,9	19,8	20,7	21,6	22,5	23,3	24,3	25,2	26,1
	997	997	997	997	996	996	996	996	996	996
26	17,7	18,6	19,5	20,4	21,3	22,2	23	23,9	24,8	25,7
	997	996	996	996	996	996	996	996	995	995
27	17,4	18,3	19,2	20,1	20,9	21,8	22,7	23,6	24,4	25,3
	996	996	996	996	996	996	996	996	995	995
28	17	18	18,9	19,7	20,6	21,5	22,3	23,2	24	24,9
	996	996	996	995	995	995	995	995	995	994
29	16,7	17,6	18,5	19,4	20,3	21,1	21,9	22,8	23,7	24,5
	996	996	995	995	995	995	995	994	994	994
30	16,4	17,3	18,2	19,1	19,9	20,8	21,6	22,5	23,3	24,2
	995	995	995	995	995	994	994	994	994	994

TABLEAU VII (suite)

Degrés du thermomètre	Degrés de l'alcoomètre									
	31	32	33	34	35	36	37	38	39	40
0	37,3	38,3	39,2	40,2	41,1	42,1	43,1	44	45	45,9
	1009	1009	1009	1009	1009	1010	1010	1010	1010	1011
1	36,8	37,8	38,8	39,8	40,8	41,8	42,7	43,7	44,6	45,5
	1008	1008	1008	1008	1009	1009	1009	1009	1010	1010
2	36,4	37,4	38,4	39,4	40,4	41,4	42,3	43,3	44,2	45,1
	1007	1007	1008	1008	1008	1008	1008	1009	1009	1009
3	36	37	38	39	40	41	42	42,9	43,9	44,8
	1007	1007	1007	1007	1007	1008	1008	1008	1008	1008
4	35,5	36,5	37,5	38,5	39 5	40,5	41,5	42,5	43,5	44,4
	1006	1006	1006	1007	1007	1007	1007	1107	1007	1008
5	35,1	36,1	37,1	38,1	39,1	40,1	41,1	42,1	43,1	44
	1005	1006	1006	1006	1006	1006	1007	1007	1007	1007
6	34,7	35,7	36,7	37,7	38,7	39,7	40,7	41	42,6	43,6
	1005	1005	1005	1005	1005	1006	1006	1006	1006	1006
7	34,2	35,2	36,2	37,2	38,2	39,2	40,2	41,2	42,2	43,2
	1004	1004	1004	1005	1005	1005	1005	1005	1005	1005
8	33,8	34,8	35,8	36,8	37,8	38,8	39,8	40,8	41,8	42,8
	1004	1004	1004	1004	1004	1004	1004	1004	1004	1005
9	33,4	34,4	35,4	36,4	37,4	38,4	39,4	40,4	41,4	42,4
	1003	1003	1003	1003	1004	1004	1004	1004	1004	1004
10	33	34	35	36	37	38	39	40	41	42
	1002	1002	1003	1003	1003	1003	1003	1003	1003	1003
11	32,6	33,6	34,6	35,6	36,6	37,6	38,6	39,6	40,6	41,6
	1002	1002	1002	1002	1002	1002	1002	1002	1003	1003
12	32,2	33,2	34,2	34,2	36,2	37,2	38,2	39,2	40,6	41,2
	1001	1001	1002	1002	1002	1002	1002	1002	1002	1002
13	31,8	32,8	33,8	34,8	35,8	36,8	37,8	38,8	39,8	40,8
	1001	1001	1001	1001	1001	1001	1001	1001	1001	1001
14	31,4	32,4	33,4	34,4	35,4	36,4	37,4	38,4	39,4	40,4
	1000	1000	1001	1001	1001	1001	1001	1001	1001	1001

TABLEAU VII (suite)

Degrés du thermomètre	Degrés de l'alcoomètre									
	31	32	33	34	35	36	37	38	39	40
15	31	32	33	34	35	36	37	38	39	40
	1000	1000	1000	1000	1000	1000	1000	1000	1000	1000
16	30,6	31,6	32,5	33,5	34,5	35,5	36,5	37,5	38,5	39,5
	1000	1000	999	999	999	999	999	999	999	999
17	30,2	31,2	32,1	33,1	34,1	35,1	36,1	37,1	38,1	39,1
	999	999	999	999	999	999	999	999	999	999
18	29,8	30,8	31,7	32,7	33,7	34,7	35,7	36,7	37,7	38,7
	999	999	998	998	998	998	998	998	998	998
19	29,4	30,4	31,3	32,3	33,3	34,3	35,3	36,3	37,3	38,3
	998	998	998	998	998	998	998	998	997	997
20	29	30	30,9	31,9	32,9	33,9	34,9	35,9	36,9	37,9
	998	998	997	997	997	997	997	997	997	997
21	28,6	29,6	30,5	31,5	32,5	33,5	34,5	35,5	36,5	37,5
	997	997	997	997	997	997	997	996	996	996
22	28,2	29,2	30,1	31,1	32,1	33,1	34,1	35,1	36,1	37,1
	997	997	996	996	996	996	996	996	996	996
23	27,8	28,8	29,7	30,7	31,7	32,7	33,7	34,7	35,7	36,7
	996	996	996	996	996	996	996	995	995	995
24	27,4	28,4	29,3	30,3	31,3	32,3	33,3	34,3	35,3	36,3
	996	996	995	995	995	995	995	995	995	994
25	27	28	28,9	29,9	30,9	31,9	32,9	33,9	34,9	35,9
	995	995	995	995	995	994	994	994	994	994
26	26,6	27,6	28,5	29,5	30,5	31,5	32,5	33,5	34,5	35,5
	995	995	995	994	994	994	994	994	995	993
27	26,2	27,2	28,1	29,1	30,1	31,1	32,1	33,1	34,1	35,1
	995	994	994	994	994	993	993	993	993	993
28	25,8	26,8	27,7	28,7	29,7	30,7	31,7	32,7	33,7	34,7
	994	994	994	993	993	993	993	993	992	992
29	25,4	26,4	27,3	28,3	29,3	30,3	31,3	32,3	33,3	34,3
	994	993	993	993	993	992	992	992	992	992
30	25,1	26	26,9	27,9	28,9	29,9	30,9	31,9	32,9	33,9
	993	993	993	993	992	992	992	991	991	991

TABLEAU VII (suite)

Degrés du thermomètre	Degrés de l'alcoomètre									
	41	42	43	44	45	46	47	48	49	50
0	46,9	47,9	48,8	49,8	50,7	51,7	52,6	53,5	54,5	55,4
	1011	1011	1011	1011	1001	1001	1012	1012	1012	1012
1	46,5	47,5	48,4	49,4	50,3	51,3	52,2	53,2	54,2	55,1
	1010	1010	1010	1010	1010	1011	1011	1011	1011	1011
2	46,1	47,1	48,1	49	49,9	50,9	51,8	52,8	53,8	54,7
	1009	1009	1009	1009	1010	1010	1010	1010	1010	1010
3	45,8	46,7	47,7	48,6	49,6	50,5	51,5	52,4	53,4	54,3
	1008	1009	1009	1009	1009	1009	1009	1009	1009	1009
4	45,4	46,4	47,4	48,3	49,2	50,2	51,5	52,1	53	54
	1008	1008	1008	1008	1008	1008	1008	1008	1008	1009
5	45	45,9	46,9	47,9	48,8	49,8	50,7	51,7	52,7	53,6
	1007	1007	1007	1007	1007	1007	1007	1008	1008	1008
6	44,6	45,5	46,5	47,5	48,4	49,4	50,4	51,4	52,4	53,3
	1006	1006	1006	1007	1007	1007	1007	1007	1007	1007
7	44,2	45,1	46,1	47,1	48,1	49,1	50,1	51	52	52,9
	1005	1006	1006	1006	1006	1006	1006	1006	1006	1006
8	43,8	44,8	45,8	46,8	47,7	48,7	49,7	50,6	51,6	52,6
	1005	1005	1005	1005	1005	1005	1005	1005	1005	1005
9	43,4	44,4	45,4	46,4	47,3	48,3	49,3	50,2	51,2	52,2
	1004	1004	1004	1004	1004	1004	1005	1005	1005	1005
10	43	44	45	46	46,9	47,9	48,9	49,9	50,9	51,8
	1003	1004	1004	1004	1004	1004	1004	1004	1004	1004
11	42,6	43,6	44,6	45,6	46,6	47,6	48,6	49,5	50,5	51,5
	1003	1003	1003	1003	1003	1003	1003	1003	1003	1003
12	42,2	43,2	44,2	45,2	46,2	47,2	48,2	49,2	50,2	51,1
	1002	1002	1002	1002	1002	1002	1002	1002	1002	1002
13	41,8	42,8	43,8	44,8	45,8	46,8	47,8	48,8	49,8	50,8
	1001	1001	1001	1002	1002	1002	1002	1002	1002	1002
14	41,4	42,4	43,4	44,4	45,4	46,4	47,4	48,4	49,4	50,4
	1001	1001	1001	1001	1001	1001	1001	1001	1001	1001

TABLEAU VII (*suite*)

Degrés du thermomètre	Degrés de l'alcoomètre									
	41	42	43	44	45	46	47	48	49	50
15	41	42	43	44	45	46	47	48	49	50
	1000	1000	1000	1000	1000	1000	1000	1000	1000	1000
16	40,6	41,6	42,6	43,6	44,6	45,6	46,6	47,6	48,6	49,6
	999	999	999	999	999	999	999	999	999	999
17	40,2	41,2	42,2	43,2	44,2	45,2	46,2	47,2	48,3	49,3
	999	999	999	998	998	998	998	998	998	998
18	39,8	40,8	41,8	42,8	43,8	44,9	45,9	46,9	47,9	48,9
	998	998	998	998	998	998	998	998	998	998
19	39,4	40,4	41,4	42,5	43,5	44,5	45,5	46,5	47,5	48,5
	997	997	997	997	997	997	997	997	997	997
20	39	40	41	42,1	43,1	44,1	45,1	46,1	47,2	48,2
	997	997	997	997	996	996	996	996	996	996
21	38,6	39,6	40,6	41,7	42,7	43,7	44,8	45,8	46,8	47,8
	996	996	996	996	996	996	996	996	995	995
22	38,2	39,2	40,2	41,3	42,3	43,3	44,3	45,3	46,4	47,4
	996	995	995	995	995	995	995	995	995	995
23	37,8	38,8	39,8	40,9	41,9	42,9	43,9	44,9	46	47
	995	995	995	994	994	994	994	994	994	994
24	37,4	38,4	39,4	40,5	41,5	42,5	43,6	44,6	45,6	46,6
	994	994	994	994	994	994	994	994	993	993
25	37	38	39	40,1	41,1	42,2	43,2	44,2	45,2	46,3
	994	994	993	993	993	993	993	993	993	993
26	36,5	37,6	38,6	39,7	40,7	41,8	42,8	43,8	44,9	45,9
	993	993	993	993	992	992	992	992	992	992
27	36,1	37,2	38,2	39,3	40,3	41,4	42,4	43,4	44,5	45,5
	992	992	992	992	992	992	992	991	991	991
28	35,7	36,8	37,8	38,9	39,9	41	42	43	44,1	45,1
	992	992	992	991	991	991	991	991	991	990
29	35,3	36,3	37,4	38,5	39,5	40,6	41,6	42,6	43,7	44,7
	991	991	991	991	991	990	990	990	990	990
30	34,9	35,9	37	38,1	39,1	40,2	41,2	42,3	43,3	44,3
	991	991	990	990	990	990	990	989	989	989

TABLEAU VII (*suite*)

Degrés du thermomètre	Degrés de l'alcoomètre									
	51	52	53	54	55	56	57	58	59	60
0	56,4	57,3	58,3	59,2	60,2	61,2	62,1	63,1	64,1	65
	1012	1012	1012	1012	1012	1012	1012	1013	1013	1013
1	56	57	57,9	58,9	59,9	60,9	61,8	62,8	63,8	64,7
	1011	1011	1011	1011	1011	1011	1011	1012	1012	1012
2	55,7	56,6	57,6	58.5	59,5	60,5	61,5	62,4	63,4	64,4
	1010	1010	1010	1010	1010	1001	1011	1011	1011	1011
3	55,3	56,3	57,2	58,2	59,2	60,2	61,1	62,1	63,1	64,1
	1009	1009	1009	1010	1010	1010	1010	1010	1010	1010
4	55	56	56,9	57,9	58,9	59,8	60,8	61,7	62,7	63,7
	1009	1009	1009	1009	1009	1009	1009	1009	1009	1009
5	54,6	55,6	56,6	57,5	58,5	59,5	60,4	61,4	62,4	63,4
	1008	1008	1008	1008	1008	1008	1008	1008	1008	1008
6	54,3	55,2	56,2	57,1	58,1	59,1	60,1	61	62	63
	1007	1007	1007	1007	1007	1007	1007	1008	1008	1008
7	53,9	54,9	55,9	56,8	57,8	58,8	59,8	60,7	61,7	62,7
	1006	1006	1006	1006	1006	1006	1007	1007	1007	1007
8	53,6	54,6	55,5	56,5	57,5	58,5	59,5	60,4	61,4	62,4
	1005	1005	1006	1006	1006	1006	1006	1006	1006	1006
9	53,2	54,2	55,1	56,1	57,1	58,1	59,1	60	61	62
	1005	1005	1005	1005	1005	1005	1005	1005	1005	1005
10	52,8	53,8	54,8	55,8	56,8	57,8	58,8	59,7	60,7	61,7
	1004	1004	1004	1004	1004	1004	1004	1004	1004	1004
11	52,5	53,5	54,4	55,4	56,4	57,4	58,4	59,4	60,4	61,4
	1003	1003	1003	1003	1003	1003	1003	1003	1003	1003
12	52,1	53,1	54,1	55	56	57	58	59	60	61
	1002	1002	1002	1002	1002	1002	1002	1002	1002	1002
13	51,8	52,7	53,7	54,7	55,7	56,7	57,7	58,7	59,7	60,7
	1002	1002	1002	1002	1002	1002	1002	1002	1002	1002
14	51,4	52,3	53,3	54,3	55,3	56,3	57,3	58,3	59,3	60,3
	1001	1001	1001	1001	1001	1001	1001	1001	1001	1001

TABLEAU VII (suite)

Degrés du thermomètre	Degrés de l'alcoomètre									
	51	52	53.	51.	55	56	57	58	59	60
15	51 1000	52 1000	53 1000	54 1000	55 1000	56 1000	57 1000	58 1000	59 1000	60 1000
16	50,6 999	51,6 999	52,6 999	53,6 999	54,6 999	55,6 999	56,6 999	57,6 999	58,6 999	59,6 999
17	50,3 998	51,3 998	52,3 998	53,3 998	54,3 998	55,3 998	56,3 998	57,3 998	58,3 998	59,3 998
18	49,9 998	50,9 998	51,9 998	52,9 998	53,9 998	54,9 998	55,9 998	56,9 997	57,9 997	58,9 997
19	49,5 997	50,6 997	51,6 997	52,6 997	53,6 997	54,6 997	55,6 997	56,6 997	57,6 997	58,6 997
20	49,2 996	50,2 996	51,2 996	52,2 996	53,2 996	54,2 996	55,2 996	56,2 996	57,2 996	58,2 996
21	48,8 995	49,8 995	50,8 995	51,8 995	52,9 995	53,9 995	54,9 995	55,9 995	56,9 995	57,9 995
22	48,4 995	49,4 995	50,4 995	51,4 994	52,5 994	53,5 994	54,5 994	55,5 994	56,5 994	57,5 994
23	48 994	49,1 994	50,1 994	51,1 994	52,1 994	53,1 994	54,1 993	55,1 993	56,1 993	57,1 993
24	47,6 993	48,7 993	49,7 993	50,7 993	51,8 993	52,8 993	53,8 993	54,8 993	55,8 993	56,8 992
25	47,3 993	48,3 993	49,3 993	50,3 992	51,4 992	52,4 992	53,4 992	54,4 992	55,5 992	56,5 992
26	46,9 992	47,9 992	49 992	50 991	51 991	52 991	53 991	54 991	55,1 991	56,1 991
27	46,5 991	47,6 991	48,6 991	49,6 991	50,7 990	51,7 990	52,7 990	53,7 990	54,8 990	55,8 990
28	46,1 990	47,2 990	48,2 990	49,2 990	50,3 990	51,3 990	52,3 990	53,3 989	54,4 989	55,4 989
29	45,7 990	46,8 989	47,8 989	48,9 989	49,9 989	51 989	52 989	53 989	54 989	55 988
30	45,4 989	46,4 989	47,5 989	48,5 988	49,6 988	50,6 988	51,6 988	52,6 988	53,6 988	54,7 988

TABLEAU VII (suite)

Degrés du thermomètre	Degrés de l'alcoomètre									
	61	62	63	64	65	66	67	68	69	70
0	66	67	68	68,9	69,9	70,8	71,8	72,7	73,7	74,7
	1013	1013	1013	1013	1013	1013	1013	1013	1014	1014
1	65,7	66,7	67,7	68,6	69,6	70,5	71,5	72,4	73,4	74,3
	1012	1012	1012	1012	1012	1012	1012	1012	1013	1013
2	65,3	66,3	67,3	68,3	69,3	70,2	71,2	72,1	73,1	74
	1011	1011	1011	1011	1011	1011	1011	1012	1012	1012
3	65	66	67	68	68,9	69,9	70,8	71,8	72,8	73,7
	1010	1010	1010	1010	1010	1011	1011	1011	1011	1011
4	64,7	65,7	66,6	67,6	68,6	69,5	70,5	71,5	72,5	73,4
	1009	1009	1009	1010	1010	1010	1010	1010	1010	1010
5	64,3	65,3	66,3	67,3	68,3	69,2	70,2	71,2	72,2	73,1
	1009	1009	1009	1009	1009	1009	1009	1009	1009	1009
6	64	65	66	67	68	68,9	69,9	70,9	71,9	72,8
	1008	1008	1008	1008	1008	1008	1008	1008	1008	1008
7	63,7	64,7	65,7	66,7	67,6	68,6	69,6	70,6	71,5	72,5
	1007	1007	1007	1007	1007	1007	1007	1007	1007	1007
8	63,4	64,4	65,4	66,4	67,3	68,3	69,3	70,2	71,2	72,2
	1006	1006	1006	1006	1006	1006	1006	1006	1006	1006
9	63	64	65	66	67	67,9	68,9	69,9	70,9	71,9
	1005	1005	1005	1005	1005	1005	1005	1005	1005	1005
10	62,7	63,7	64,7	65,7	66,7	67,6	68,6	69,6	70,6	71,6
	1004	1004	1004	1004	1004	1004	1004	1004	1004	1004
11	62,4	63,4	64,4	65,4	66,4	67,3	68,3	69,3	70,3	71,3
	1003	1003	1003	1003	1003	1003	1003	1004	1004	1004
12	62	63	64	65	66	67	68	69	70	71
	1002	1002	1002	1002	1002	1002	1003	1003	1003	1003
13	61,7	62,7	63,7	64,7	65,7	66,7	67,7	68,7	69,6	70,6
	1002	1002	1002	1002	1002	1002	1002	1002	1002	1002
14	61,3	62,3	63,3	64,3	65,3	66,3	67,3	68,3	69,3	70,3
	1001	1001	1001	1001	1001	1001	1001	1001	1001	1001

TABLEAU VII (*suite*)

Degrés du thermomètre	Degrés de l'alcoomètre									
	61	62	63	64	65	66	67	68	69	70
15	61	62	63	64	65	66	67	68	69	70
	1000	1000	1000	1000	1000	1000	1000	1000	1000	1000
16	60,6	61,7	62,7	63,7	64,7	65,7	66,7	67,7	68,7	69,7
	999	999	999	999	999	999	999	999	999	999
17	60,3	61,3	62,3	63.3	64,3	65,3	66,3	67,3	68,3	69,3
	998	998	998	998	998	998	998	998	998	998
18	59,9	61	62	63	64	65	66	67	68	69
	997	997	997	997	997	997	997	997	997	997
19	59,6	60,6	61,6	62,7	63,7	64,7	65,7	66,7	67,7	68,7
	997	997	997	997	996	997	997	997	996	996
20	59,2	60,3	61,3	62,3	63,3	64,3	65,4	66,4	67,4	68,4
	996	996	996	996	996	996	996	996	996	996
21	58,9	59,9	61	62	63	64	65	66	67	68,1
	995	995	995	995	995	995	995	995	995	995
22	58,5	59,5	60,6	61,6	62,7	63,7	64,7	65,7	66,7	67,8
	994	994	994	994	994	994	994	994	994	994
23	58,1	59,2	60,2	61,3	62,3	63,3	64,3	65,4	66,4	67,4
	993	993	993	993	993	993	993	993	993	993
24	57,8	58,9	59,9	61	62	63	64	65	66	67,1
	992	992	992	992	992	992	992	992	992	992
25	57,5	58,5	59,5	60,6	61,6	62,6	63,7	64,7	65,7	66,7
	992	992	992	991	991	991	991	991	991	991
26	57,1	58,1	59,2	60,2	61,3	62,3	63,3	64,3	65,3	66,4
	991	991	991	991	990	990	990	990	990	990
27	56,8	57,8	58,9	59,9	60,9	61,9	63	64	65	66
	990	990	990	990	990	990	989	989	989	989
28	56,4	57,5	58,5	59,5	60,6	61,6	62,6	63,7	64,7	65,7
	989	989	989	989	989	989	989	989	989	989
29	56	57,1	58,1	59,2	60,2	61,2	62,3	63,3	64,3	65,4
	988	988	988	988	988	988	988	988	988	988
30	55,7	56,7	57,8	58,8	59,9	60,9	61,9	63	64	65
	988	987	987	987	987	987	987	987	987	987

TABLEAU VII (suite)

Degrés du thermomètre	Dégrés de l'alcoomètre									
	71	72	73	74	75	76	77	78	79	80
0	75,6 1014	76,6 1014	77,6 1014	78,6 1014	79,5 1014	80,5 1014	81,5 1014	82,4 1014	83,3 1014	84,3 1014
1	75,3 1013	76,3 1013	77,3 1013	78,3 1013	79,2 1013	80,2 1013	81,2 1013	82,1 1013	83,1 1013	84 1013
2	75 1012	76 1012	77 1012	78 1012	78,9 1012	79,9 1012	80,9 1012	81,9 1012	82,8 1012	83,7 1012
3	74,7 1011	75,7 1011	76,7 1011	77,7 1011	78,6 1011	79,6 1011	80,6 1011	81,6 1011	82,5 1011	83,5 1011
4	74,4 1010	75,3 1010	76,3 1010	77,3 1010	78,3 1010	79,3 1010	80,3 1010	81,3 1010	82,2 1010	83,2 1010
5	74,1 1009	75 1009	76 1009	77 1009	78 1009	79 1009	80 1009	81 1009	81,9 1010	82,9 1010
6	73,8 1008	74,7 1008	75,7 1008	76,7 1008	77,7 1008	78,7 1008	79,7 1008	80,7 1008	81,6 1008	82,6 1009
7	73,5 1007	74,4 1007	75,4 1007	76,4 1007	77,4 1007	78,4 1007	79,4 1007	80,4 1007	81,4 1007	82,3 1008
8	73,2 1006	74,1 1006	75,1 1006	76,1 1006	77,1 1006	78,1 1006	79,1 1007	80,1 1007	81,1 1007	82 1007
9	72,9 1005	73,8 1005	74,8 1005	75,8 1005	76,8 1005	77,8 1005	78,8 1005	79,8 1006	80,8 1006	81,7 1006
10	72,6 1004	73,5 1004	74.5 1005	75,5 1005	76,5 1005	77,5 1005	78,5 1005	79,5 1005	80,5 1005	81,5 1005
11	72,3 1004	73,2 1004	74,2 1004	75,2 1004	76,2 1004	77,2 1004	78,2 1004	79,2 1004	80,2 1004	81,2 1004
12	72 1003	72,9 1003	73,9 1003	74,9 1003	75,9 1003	76,9 1003	77,9 1003	78,9 1003	79,9 1003	80,9 1003
13	71,6 1002	72,6 1002	73,6 1002	74,6 1002	75,6 1002	76,6 1002	77,6 1002	78,6 1002	79,6 1002	80,6 1002
14	71,3 1001	72,3 1001	73,3 1001	74,3 1001	75,3 1001	76,3 1001	77,3 1001	78,3 1001	79,3 1001	80,3 1001

TABLEAU VII (suite)

Degrés du thermomètre	Degrés de l'alcoomètre									
	71	72	73	74	75	76	77	78	79	80
15	71	72	73	74	75	76	77	78	79	80
	1000	1000	1000	1000	1000	1000	1000	1000	1000	1000
16	70,7	71,7	72,7	73,7	74,7	75,7	76,7	77,7	78,7	79,7
	999	999	999	999	999	999	999	999	999	999
17	70,3	71,3	72,3	73,3	74,3	75,4	76,4	77,4	78,4	99,4
	998	998	998	998	998	998	998	998	998	998
18	70	71	72	73	74	75,1	76,1	77,1	78,1	79,1
	997	997	997	997	997	997	997	997	997	997
19	69,7	70,7	71,7	72,7	73,7	74,7	75,8	76,8	77,8	78,8
	996	996	996	996	996	996	996	996	996	996
20	69,4	70,4	71,4	72,4	73,4	74,4	75,5	76,5	77,5	78,5
	996	996	995	995	995	995	995	995	995	995
21	69,1	70,1	71,1	72,1	73,1	74,1	75,2	76,2	77,2	78,2
	995	995	995	994	994	994	994	994	994	994
22	68,8	69,8	70,8	71,8	72,8	73,8	74,8	75,9	76,9	77,9
	994	994	994	994	993	993	993	993	993	993
23	68,4	69,4	70,5	71,5	72,5	73,5	74,5	75,5	76,6	77,6
	993	993	993	993	992	992	992	992	992	992
24	68,1	69,1	70,1	71,2	72,2	73,2	74,2	75,2	76,3	77,3
	992	992	992	992	992	992	992	991	991	991
25	67,8	68,8	69,8	70,8	71,8	72,8	73,9	74,9	76	77
	991	991	991	991	991	991	991	991	991	991
26	67,4	68,4	69,5	70,5	71,5	72,5	73,6	74,6	75,6	76,7
	990	990	990	990	990	990	990	990	990	990
27	67,1	68,1	69,2	70,2	71,2	72,2	73,3	74,3	75,3	76,3
	989	989	989	989	989	989	989	989	989	989
28	66,8	67,8	68,8	69,9	70,9	71,9	73	74	75,8	76
	988	988	988	988	988	988	988	988	988	988
29	66,4	67,4	68,5	69,5	70,6	71,6	72,6	73,7	74,7	75,7
	988	987	987	987	987	987	987	987	987	987
30	66,1	67,1	68,2	69,2	70,3	71,3	72,3	73,3	74,4	75,4
	987	987	986	986	986	986	986	986	986	986

TABLEAU VII (suite)

Degrés du thermomètre	Degrés de l'alcoomètre									
	81	82	83	84	85	86	87	88	89	90
0	85,2	86,2	87,1	88	88,9	89,9	90,8	91,7	92,6	93,6
	1014	1014	1014	1014	1014	1015	1015	1015	1015	1015
1	85	85,9	86,8	87,8	88,7	89,6	90,5	91,5	92,4	93,3
	1013	1013	1013	1013	1013	1014	1014	1014	1014	1014
2	84,7	85,6	86,6	87,5	88,5	89,4	90,3	91,2	92,2	93,1
	1012	1012	1012	1012	1012	1013	1013	1013	1013	1013
3	84,4	85,4	86,3	87,3	88,2	89,2	90,1	91	91,9	92,9
	1011	1011	1011	1011	1011	1012	1012	1012	1012	1012
4	84,2	85,1	86,1	87	87,9	88,9	89,8	90,8	91,7	92,7
	1011	1011	1011	1011	1011	1011	1011	1011	1011	1011
5	83,9	84,8	85,8	86,7	87,7	88,6	89,6	90,5	91,5	92,4
	1010	1010	1010	1010	1010	1010	1010	1010	1010	1010
6	83,6	84,5	85,5	86,5	87,4	88,4	89,3	90,2	91,2	92,2
	1009	1009	1009	1009	1009	1009	1009	1009	1009	1009
7	83,3	84,2	85,2	86,2	87,2	88,1	89,1	90	91	91,9
	1008	1008	1008	1008	1008	1008	1008	1008	1008	1008
8	83	84	85	85,9	86,9	87,9	88,8	89,8	90,7	91,7
	1007	1007	1007	1007	1007	1007	1007	1007	1007	1007
9	82,7	83,7	84,7	85,7	86,6	87,6	88,6	89,5	90,5	91,5
	1006	1006	1006	1006	1006	1006	1006	1006	1006	1006
10	82,4	83,4	84,4	85,4	86,4	87,4	88,3	89,3	90,2	91,2
	1005	1005	1005	1005	1005	1005	1005	1005	1005	1005
11	82,2	83,1	84,1	85,1	86,1	87,1	88	89	90	91
	1004	1004	1004	1004	1004	1004	1004	1004	1004	1004
12	81,9	82,9	83,9	84,8	85,8	86,8	87,8	88,7	89,7	90,7
	1003	1003	1003	1003	1003	1003	1003	1003	1003	1003
13	81,6	82,6	83,6	84,6	85,5	86,5	87,5	88,5	89,5	90,5
	1002	1002	1002	1002	1002	1002	1002	1002	1002	1002
14	81,3	82,3	83,3	84,3	85,3	86,3	87,3	88,2	89,2	90,2
	1001	1001	1001	1001	1001	1001	1001	1001	1001	1001

TABLEAU VII (suite)

Degrés du thermomètre	Degrés de l'alcoomètre									
	81	82	83	84	85	86	87	88	89	90
15	81	82	83	84	85	86	87	88	89	90
	1000	1000	1000	1000	1000	1000	1000	1000	1000	1000
16	80,7	81,7	82,7	83,7	84,7	85,7	86,7	87.7	88,7	89,7
	999	999	999	999	999	999	999	999	999	999
17	80,4	81,4	82,4	83,4	84,4	85,4	86,4	87,4	88,4	89,5
	998	998	998	998	998	998	998	998	998	998
18	80,1	81,1	82,1	83,1	84,1	85,2	86,2	87,2	88,2	89,2
	997	997	997	997	997	997	997	997	997	997
19	79,8	80,8	81,9	82,9	83,9	84,9	85,9	86,9	87,9	88,9
	996	996	996	996	996	996	996	996	996	996
20	79,5	80,5	81,6	82,6	83,6	84,6	85,6	86,6	87,7	88,7
	995	995	995	995	995	995	995	995	995	995
21	79,2	80,2	81,3	82,3	83,3	84,3	85,3	86,4	87,4	88,4
	994	994	994	994	994	994	994	994	994	994
22	78,9	79,9	81	82	83	84	85	86,1	87,1	88,2
	993	993	993	993	993	993	993	993	993	993
23	78,6	79,6	80,7	81,7	82,7	83,8	84,8	85,8	86,8	87,9
	992	992	992	992	992	992	992	992	992	992
24	78,3	79,3	80,4	81,4	82,4	83,5	84,5	85,5	86,5	87,6
	991	991	991	991	991	991	991	991	991	991
25	78	79	80,1	81,1	82,1	83,2	84,2	85,2	86,3	87,4
	990	990	990	990	990	990	990	990	990	990
26	77,7	78,7	79,8	80,8	81,8	82,9	83,9	84,9	86	87,1
	990	989	989	989	989	989	989	989	989	989
27	77,4	78,4	79,5	80,5	81,5	82,6	83,6	84,7	85,7	86,8
	989	988	988	988	988	988	988	988	988	988
28	77,1	78,1	79,2	80,2	81,2	82,3	83,3	84,4	85,4	86,5
	988	988	987	987	987	987	987	987	987	987
29	76,7	77,8	78,9	79,9	80,9	82	83	84,1	85,1	86,2
	987	987	987	986	986	986	986	986	986	986
30	76,4	77,7	78,6	79,6	80,6	81,7	82.7	83,8	84,9	86
	986	986	986	986	985	985	985	985	985	985

TABLEAU VII (suite)

Degrés du thermomètre	Degrés de l'alcoomètre 91	92	93	94	95	96	97	98	99	100
0	94,5	95,3	96,2	97,1	98	98,8	99,7			
	1015	1015	1015	1015	1015	1015	1016			
1	94,3	95,1	96	96,9	97,8	98,6	99,5			
	1014	1014	1014	1014	10 1	1014	1015			
2	94	94,9	95,8	96,7	97,6	98,5	99,3			
	1013	1013	1013	1013	1013	1013	1014			
3	93,8	94,7	95,6	96.5	97,4	98,3	99,2			
	1012	1012	1012	1012	1012	1012	1012	1012		
4	93,6	94,5	95,4	96,3	97,2	98,1	99	99,9		
	1011	1011	1011	1011	1011	1011	1011	1011		
5	93,4	94,3	95,2	96,1	97	97,9	98,8	99,7		
	1010	100	1010	1010	1010	1010	1010	1010		
6	93,1	94,1	95	95,9	96,8	97,8	98,7	99,6		
	1009	1009	1009	1009	1009	1009	1009	1009		
7	92,9	93,9	94,8	95,7	96,6	97,6	98,5	99,4		
	1008	1008	1008	1008	1008	1008	1008	1008		
8	92,7	93,6	94,6	95,5	96,4	97,4	98,3	99,2		
	1007	1007	1007	1007	1007	1007	1007	1007	1007	
9	92,5	93,4	94,4	95,3	96,2	97,2	98,1	99,1	100	
	1006	1006	1006	1006	1006	1006	1006	1006	1006	
10	92,2	93,2	94,2	95,1	96	97	98	98,9	99,9	
	1005	1005	1005	1005	1005	1005	1005	1005	1005	
11	92	92,9	93,9	94,9	95,8	96,8	97,8	98,7	99,7	
	1004	1004	1004	1004	1004	1004	1004	1004	1004	
12	91,7	92,7	93,7	94,7	95,6	96,6	97,6	98,5	99,5	
	1003	1003	1003	1003	1003	1003	1003	1003	1003	
13	91,5	92,5	93,5	94,4	95,4	96,4	97,4	98,4	99,3	
	1002	1002	1002	1002	1002	1002	1002	1002	1002	
14	91,2	92,2	93,2	94.2	95,2	96,2	97,2	98,2	99,2	
	1001	1001	1001	1001	1001	1001	1001	1001	1001	

TABLEAU VII (suite)

Degrés du thermomètre	Degrés de l'alcoomètre									
	91	92	93	94	95	96	97	98	99	100
15	91	92	93	94	95	96	97	98	99	100
	1000	1000	1000	1000	1000	1000	1000	1000	1000	1000
16	90,8	91,8	92,8	93,8	94,8	95,8	96,8	97,8	98,8	99,8
	999	999	999	999	999	999	999	999	999	999
17	90,5	91,5	92,6	93,6	94,6	95,6	96,6	97.6	98,7	99,7
	998	998	998	998	998	998	998	998	998	998
18	90,2	91,3	92,3	93,3	94,3	95,4	96,5	97,4	98,5	99,5
	997	997	997	997	997	997	997	997	997	997
19	90	91,1	92,1	93,1	94,1	95,2	96,2	97,3	98,3	99,3
	996	996	996	996	996	996	996	996	996	996
20	89,7	90,8	91,8	92,9	93,9	95	96	97,1	98,1	99,1
	995	995	995	995	995	995	995	995	995	995
21	89,5	90,5	91,6	92,6	93,7	94,7	95,8	96,9	97,9	99
	994	994	994	994	994	994	994	994	994	994
22	89,2	90,2	91,3	92,4	93,4	94,5	95,6	96,7	97,7	98,8
	993	993	993	993	993	993	993	993	993	993
23	89	90	91,1	92,1	93,2	94,3	95,4	96,5	97,5	98,6
	992	992	992	992	992	992	992	992	992	992
24	88,7	89,7	90,8	91,9	93	94,1	95,2	96,2	97,3	98,4
	991	991	991	991	991	991	991	991	991	991
25	88,4	89,5	90,6	91,6	92,7	93,8	94,9	96	97,1	98,2
	990	990	990	990	990	990	990	990	990	990
26	88,2	89,2	90,3	91,4	92,5	93,6	94,7	95,8	96,9	98,1
	989	989	989	989	989	989	989	989	989	989
27	87,9	89	90,1	91,1	92,2	93,4	94,5	95,6	96,7	97,9
	988	988	988	988	988	988	988	987	987	987
28	87,6	88,7	89,8	90,9	92	93,1	94,3	95,4	96,5	97,7
	987	987	987	987	987	987	987	986	986	986
29	87,3	88,4	89,5	90,6	91,7	92,9	94,1	95,2	96,3	97,5
	986	986	986	986	986	986	986	986	985	985
30	87,1	88,2	89,3	90,4	91,5	92,7	93,8	95	96,1	97,3
	985	985	985	985	985	985	985	985	984	984

TABLEAU VIII

Tableau de mouillage indiquant la quantité d'eau à employer par hectolitre d'alcool, pour la réduction des degrés supérieurs à degrés inférieurs (1).

Degrés à réduire	Degrés à obtenir	Quantité d'eau à ajouter	Degrés à réduire	Degrés à obtenir	Quantité d'eau à ajouter	Degrés à réduire	Degrés à obtenir	Quantité d'eau à ajouter
de	à	lit. dc.	de	à	lit. dc.	de	à	lit dc.
94°	38°	147,6	94°	60°	58,5	94°	82°	15,6
//	39	141,5	//	61	55,9	//	83	14,2
//	40	135,6	//	62	53,4	//	84	12,7
//	41	130,0	//	63	51,0	//	85	11,4
//	42	124,7	//	64	48,6	//	86	10,0
//	43	119.6	//	65	46,3	//	87	8,7
//	44	114,8	//	66	44,1	//	88	7,4
//	45	110,1	//	67	42,0	//	89	6,1
//	46	105,7	//	68	39,9	//	90	4,8
//	47	101,4	//	69	37,9	//	91	3,6
//	48	97,3	//	70	35,9	//	92	2,4
//	49	93,4	//	71	33,9	//	93	1,2
//	50	89,6	//	72	32,1	—	—	—
//	51	86,0	//	73	30,2	93	38	146,4
//	52	82,5	//	74	28,4	//	39	140,3
//	53	79,1	//	75	26.7	//	40	134,4
//	54	75,8	//	76	25,0	//	41	128,8
//	55	72,7	//	77	23,3	//	42	123,5
//	56	69,6	//	78	21,7	//	43	118,4
//	57	66,7	//	79	20,1	//	44	113,6
//	58	63,9	//	80	18,6	//	45	108,9
//	59	61,1	//	81	17,1	//	46	104,5

(1) *Traité de la fabrication des liqueurs*, par Duplais, t. II, p. 453.

TABLEAU VIII (suite)

Degrés à réduire	Degrés à obtenir	Quantité d'eau à ajouter	Degrés à réduire	Degrés à obtenir	Quantité d'eau à ajouter	Degrés à réduire	Degrés à obtenir	Quantité d'eau à ajouter
de	à	lit. dc.	de	à	lit. dc.	de	à	lit. dc.
93°	47°	100,2	93°	74°	27,2	92°	45°	107,7
"	48	96,1	"	75	25,5	"	46	103,3
"	49	92,2	"	76	23,8	"	47	99,0
"	50	88,4	"	77	22,1	"	48	94,9
"	51	84,8	"	78	20,5	"	49	91,0
"	52	81,3	"	79	18,9	"	50	87,2
"	53	77,9	"	80	17,4	"	51	83,6
"	54	74,6	"	81	15,9	"	52	80,1
"	55	71,5	"	82	14,4	"	53	76,7
"	56	68,4	"	83	13,0	"	54	73,4
"	57	65,5	"	84	11,5	"	55	70,3
"	58	62,7	"	85	10,2	"	56	67,2
"	59	59,9	"	86	8,8	"	57	64,3
"	60	57,3	"	87	7,5	"	58	61,5
"	61	54,7	"	88	6,2	"	59	58,7
"	62	52,2	"	89	4,9	"	60	56,1
"	63	49,8	"	90	3,6	"	61	53,5
"	64	47,4	"	91	2,4	"	62	51,0
"	65	45,1	"	92	1,2	"	63	48,6
"	66	42,9	—	—	—	"	64	46,2
"	67	40,8	92	38	145,2	"	65	43,9
"	68	38,7	"	39	139,1	"	66	41,7
"	69	36,7	"	40	133,2	"	67	39,6
"	70	34,7	"	41	127,6	"	68	37,5
"	71	32,7	"	42	122,3	"	69	35,5
"	72	30,9	"	43	117,2	"	70	33,5
"	73	29,0	"	44	112,4	"	71	31,5

TABLEAU VIII (*suite*)

Degrés à réduire	Degrés à obtenir	Quantité d'eau à ajouter	Degrés à réduire	Degrés à obtenir	Quantité d'eau à ajouter	Degrés à réduire	Degrés à obtenir	Quantité d'eau à ajouter
de	à	lit. dc.	de	à	lit. dc.	de	à	lit. dc.
92°	72°	29,7	91°	44°	111,2	91°	71°	30,3
//	73	27,8	//	45	106,5	//	72	28,5
//	74	26,0	//	46	102,1	//	73	26,6
//	75	24,3	//	47	97,8	//	74	24,8
//	76	22,6	//	48	93,7	//	75	23,1
//	77	20,9	//	49	89,8	//	76	21,4
//	78	19,3	//	50	86,0	//	77	19,7
//	79	17,7	//	51	82,4	//	78	18,1
//	80	16,2	//	52	78,9	//	79	16,5
//	81	14,7	//	53	75,5	//	80	15,0
//	82	13,2	//	54	72,2	//	81	13,5
//	83	11,8	//	55	69,1	//	82	12,0
//	84	10,3	//	56	66,0	//	83	10,6
//	85	9,0	//	57	63,1	//	84	9,1
//	86	7,6	//	58	60,3	//	85	7,8
//	87	6,3	//	59	57,5	//	86	6,4
//	88	5,0	//	60	54,9	//	87	5,1
//	89	3,7	//	61	52,3	//	88	3,8
//	90	2,4	//	62	49,8	//	89	2,5
//	91	1,2	//	63	47,4	//	90	1,3
—	—	—	//	64	45,0	—	—	—
91	38	144,0	//	65	42,7	90	38	142,8
//	39	137,9	//	66	40,5	//	39	136,7
//	40	132,0	//	67	38,4	//	40	130,8
//	41	126,4	//	68	36,3	//	41	125,2
//	42	121,1	//	69	34,3	//	42	119,9
//	43	116,0	//	70	32,3	//	43	114,8

TABLEAU VIII (*suite*)

Degrés à réduire	Degrés à obtenir	Quantité d'eau à ajouter	Degrés à réduire	Degrés à obtenir	Quantité d'eau à ajouter	Degrés à réduire	Degrés à obtenir	Quantité d'eau à ajouter
de	à	lit. dc.	de	à	lit. dc.	de	à	lit. dc.
90°	44°	110,0	90°	71°	29,1	89°	45°	102,9
//	45	105,3	//	72	27,3	//	46	98,5
//	46	100,9	//	73	25,4	//	47	94,3
//	47	96,6	//	74	23,6	//	48	90,2
//	48	92,5	//	75	21,9	//	49	86,3
//	49	88,6	//	76	20,2	//	50	82,6
//	50	84,8	//	77	18,5	//	51	79,0
//	51	81,2	//	78	16,9	//	52	75,5
//	52	77,7	//	79	15,3	//	53	72,2
//	53	74,3	//	80	13,8	//	54	69,0
//	54	71,0	//	81	12,3	//	55	65,9
//	55	67,9	//	82	10,8	//	56	62,9
//	56	64,8	//	83	9,4	//	57	60,0
//	57	61,9	//	84	7,9	//	58	57,2
//	58	59,1	//	85	6,6	//	59	54,4
//	59	56,3	//	86	5,2	//	60	51,8
//	60	53,7	//	87	3,9	//	61	49,3
//	61	51,1	//	88	2,6	//	62	46,8
//	62	48,6	//	89	1,3	//	63	44,4
//	63	46,2	—	—	—	//	64	42,1
//	64	43,8	8g	38	140,0	//	65	39,8
//	65	41,5	//	39	139,9	//	66	37,6
//	66	39,3	//	40	128,1	//	67	35,5
//	67	37,2	//	41	122,6	//	68	33,4
//	68	35,1	//	42	117,3	//	69	31,4
//	69	33,1	//	43	112,3	//	70	29,5
//	70	31,1	//	44	107,5	//	71	27,5

TABLEAU VIII (suite)

Degrés à réduire	Degrés à obtenir	Quantité d'eau à ajouter	Degrés à réduire	Degrés à obtenir	Quantité d'eau à ajouter	Degrés à réduire	Degrés à obtenir	Quantité d'eau à ajouter
de	à	lit. de.	de	à	lit. de	de	à	lit. de.
89°	72°	25,7	88°	47°	92,0	88°	74°	20,6
//	73	23,9	//	48	88,0	//	75	18,9
//	74	22,1	//	49	84,1	//	76	17,2
//	75	20,4	//	50	80,4	//	77	15,6
//	76	18,7	//	51	76,9	//	78	14,0
//	77	17,1	//	52	73,4	//	79	12,5
//	78	15,5	//	53	70,1	//	80	11,0
//	79	13,9	//	54	66,9	//	81	9,5
//	80	12,4	//	55	63,9	//	82	8,1
//	81	10,9	//	56	60,9	//	83	6,6
//	82	9,4	//	57	58,0	//	84	5,3
//	83	8,0	//	58	55,3	//	85	3,9
//	84	6,6	//	59	52,6	//	86	2,6
//	85	5,2	//	60	50,0	//	87	1,3
//	86	3,9	//	61	47,4	—	—	—
//	87	2,6	//	62	45,0	87	38	134,3
//	88	1,3	//	63	42,6	//	39	128,4
—	—	—	//	64	40,3	//	40	122,7
88	38	137,1	//	65	38,1	//	41	117,3
//	39	131,1	//	66	35,9	//	42	112,2
//	40	125,4	//	67	33,8	//	43	107,3
//	41	120,0	//	68	31,8	//	44	102,6
//	42	114,7	//	69	29,8	//	45	98,1
//	43	109,8	//	70	27,9	//	46	93,8
//	44	105,0	//	71	26,0	//	47	89,7
//	45	100,5	//	72	24,1	//	48	85,7
//	46	96,1	//	73	22,3	//	49	81,9

TABLEAU VIII (suite)

Degrés à réduire	Degrés à obtenir	Quantité d'eau à ajouter	Degrés à réduire	Degrés à obtenir	Quantité d'eau à ajouter	Degrés à réduire	Degrés à obtenir	Quantité d'eau à ajouter
de	à	lit. de	de	à	lit. de.	de	à	lit. de.
87°	50°	78,2	87°	77°	14,2	86°	54°	62,9
//	51	74,7	//	78	12,6	//	55	57,9
//	52	71,3	//	79	11,1	//	56	57,0
//	53	68,1	//	80	9,6	//	57	54,2
//	54	64,9	//	81	8,1	//	58	51,5
//	55	61,9	//	82	6,7	//	59	48,8
//	56	58,9	//	83	5,3	//	60	46,3
//	57	56,1	//	84	3,9	//	61	43,8
//	58	53,4	//	85	2,6	//	62	41,5
//	59	50,7	//	86	1,3	//	63	39,1
//	60	48,1	—	—	—	//	64	36,9
//	61	45,6	86	38	131,5	//	65	34,7
//	62	43,2	//	39	125,6	//	66	32,6
//	63	40,9	//	40	120,0	//	67	30,5
//	64	38,6	//	41	114,7	//	68	28,5
//	65	36,4	//	42	109,6	//	69	26,6
//	66	34,3	//	43	104,8	//	70	24,7
//	67	32,2	//	44	100,1	//	71	22,9
//	68	30,2	//	45	95,7	//	72	21,1
//	69	28,2	//	46	91,4	//	73	19,3
//	70	26,3	//	47	87,4	//	74	17,6
//	71	24,4	//	48	83,4	//	75	15,9
//	72	22,6	//	49	79,7	//	76	14,3
//	73	20,8	//	50	76,1	//	77	12,7
//	74	19,1	//	51	72,6	//	78	11,2
//	75	17,4	//	52	69,2	//	79	9,7
//	76	15,8	//	53	66,0	//	80	8,2

TABLEAU VIII (suite)

Degrés à réduire	Degrés à obtenir	Quantité d'eau à ajouter	Degrés à réduire	Degrés à obtenir	Quantité d'eau à ajouter	Degrés à réduire	Degrés à obtenir	Quantité d'eau à ajouter
de	à	lit. dc.	de	à	lit. dc.	de	à	lit. dc.
86°	81°	6,8	85°	59°	47,0	84°	38°	125,9
//	82	5,4	//	60	44,5	//	39	120,1
//	83	4,0	//	61	42,1	//	40	114,7
//	84	2,6	//	62	39,7	//	41	109,5
//	85	1,3	//	63	37,4	//	42	104,5
—	—	—	//	64	35,2	//	43	99,8
85	38	128,7	//	65	33,0	//	44	95,5
//	39	122,9	//	66	30,9	//	45	90,9
//	40	117,3	//	67	28,9	//	46	86,7
//	41	112,1	//	68	26,9	//	47	82,8
//	42	107,1	//	69	25,0	//	48	78,9
//	43	102,3	//	70	23,1	//	49	75,3
//	44	97,7	//	71	21,3	//	50	71,7
//	45	93,3	//	72	19,5	//	51	68,3
//	46	89,1	//	73	17,8	//	52	65,1
//	47	85,1	//	74	16,1	//	53	61,9
//	48	81,2	//	75	14,5	//	54	58,9
//	49	77,5	//	76	12,9	//	55	55,9
//	50	73,9	//	77	11,3	//	56	53,1
//	51	70,5	//	78	9,8	//	57	50,4
//	52	67,1	//	79	8,3	//	58	47,7
//	53	64,0	//	80	6,8	//	59	45,1
//	54	60,9	//	81	5,4	//	60	42,7
//	55	57,9	//	82	4,0	//	61	40,3
//	56	55,0	//	83	2,6	//	62	37,9
//	57	52,3	//	84	1,3	//	63	35,7
//	58	49,6	—	—	—	//	64	33,5

TABLEAU VIII (*suite*)

Degrés à réduire	Degrés à obtenir	Quantité d'eau à ajouter	Degrés à réduire	Degrés à obtenir	Quantité d'eau à ajouter	Degrés à réduire	Degrés à obtenir	Quantité d'eau à ajouter
de	à	lit. dc.	de	à	lit. dc.	de	à	lit. dc.
84°	65°	31,3	83°	45°	88,5	83°	72°	16,5
//	66	29,3	//	46	84,4	//	73	14,8
//	67	27,3	//	47	80,5	//	74	13,1
//	68	25,3	//	48	76,7	//	75	11,6
//	69	23,4	//	49	73,1	//	76	10,0
//	70	21,6	//	50	69,6	//	77	8,5
//	71	19,8	//	51	66,2	//	78	7,0
//	72	18,0	//	52	63,0	//	79	5,5
//	73	16,3	//	53	59,9	//	80	4,1
//	74	14,6	//	54	56,9	//	81	2,7
//	75	13,0	//	55	54,0	//	82	1,3
//	76	11,4	//	56	51,2	—	—	—
//	77	9,9	//	57	48,5	82	38	120,3
//	78	8,4	//	58	45,8	//	39	114,7
//	79	6,9	//	59	43,3	//	40	109,3
//	80	5,5	//	60	40,9	//	41	104,3
//	81	4,0	//	61	38,5	//	42	99,4
//	82	2,7	//	62	36,2	//	43	94,8
//	83	1,3	//	63	33,9	//	44	90,4
—	—	—	//	64	31,8	//	45	86,1
83	38	123,1	//	65	29,7	//	46	82,1
//	39	117,4	//	66	27,6	//	47	78,2
//	40	112,0	//	67	25,6	//	48	74,5
//	41	106,9	//	68	23,7	//	49	70,9
//	42	102,0	//	69	21,8	//	50	67,4
//	43	97,3	//	70	20,0	//	51	64,1
//	44	92,8	//	71	18,2	//	52	60,9

TABLEAU VIII (suite)

Degrés à réduire	Degrés à obtenir	Quantité d'eau à ajouter	Degrés à réduire	Degrés à obtenir	Quantité d'eau à ajouter	Degrés à réduire	Degrés à obtenir	Quantité d'eau à ajouter
de	à	lit. de.	de	à	lit. de	de	à	lit. de.
82°	53°	57,8	82°	80°	2,7	81°	62°	32,7
//	54	54,9	//	81	1,3	//	63	30,5
//	55	52,0	—	—	—	//	64	28,4
//	56	49,2	81	38	117,5	//	65	26,3
//	57	46.5	//	39	111,9	//	66	24,3
//	58	44,0	//	40	106,7	//	67	22,4
//	59	41,5	//	41	101,7	//	68	20,5
//	60	39,0	//	42	96,9	//	69	18,7
//	61	36,7	//	43	92,3	//	70	16,9
//	62	34,4	//	44	87,9	//	71	15,2
//	63	32,2	//	45	83,7	//	72	13,5
//	64	30,1	//	46	79,7	//	73	11,8
//	65	28,0	//	47	75,9	//	74	10,2
//	66	26,0	//	48	72,2	//	75	8,6
//	67	24,0	//	49	68,7	//	76	7,1
//	68	22,1	//	50	65,3	//	77	5,6
//	69	20,3	//	51	62,0	//	78	4,2
//	70	18,4	//	52	58,8	//	79	2,7
//	71	16,7	//	53	55,8	//	80	1,4
//	72	15,0	//	54	52,9	—	—	—
//	73	13,3	//	55	50,0	80	38	114,7
//	74	11,7	//	56	47,3	//	39	109,2
//	75	19.1	//	57	44,7	//	40	104,0
//	76	8,5	//	58	42,1	//	41	99,1
//	77	7,0	//	59	39,6	//	42	94,3
//	78	5,6	//	60	37,2	//	43	89,8
//	79	4,1	//	61	34,9	//	44	85,5

TABLEAU VIII (*suite*)

Degrés à réduire	Degrés à obtenir	Quantité d'eau à ajouter	Degrés à réduire	Degrés à obtenir	Quantité d'eau à ajouter	Degrés à réduire	Degrés à obtenir	Quantité d'eau à ajouter
de	à	lit. de	de	à	lit. de.	de	à	lit. de.
80°	45°	81,3	80°	72°	12,0	79°	56°	43,4
//	46	77,4	//	73	10,3	//	57	40,9
//	47	73,6	//	74	8,7	//	58	38,4
//	48	70,0	//	75	7,2	//	59	36,0
//	49	66,5	//	76	5,7	//	60	33,6
//	50	63,1	//	77	4,2	//	61	31,4
//	51	59,9	//	78	2,8	//	62	29,2
//	52	56,8	//	79	1,4	//	63	27,1
//	53	53,8	—	—	—	//	64	25,0
//	54	50,9	79	38	111,9	//	65	23,0
//	55	48,1	//	39	106,5	//	66	21,1
//	56	45,4	//	40	101,4	//	67	19,2
//	57	42,8	//	41	96,5	//	68	17,3
//	58	40,2	//	42	91,8	//	69	15,5
//	59	37,8	//	43	87,3	//	70	13,8
//	60	35,4	//	44	83,1	//	71	12,1
//	61	33,1	//	45	79,0	//	72	10,5
//	62	30,9	//	46	75,1	//	73	8,8
//	63	28,8	//	47	71,3	//	74	7,3
//	64	26,7	//	48	67,8	//	75	5,7
//	65	24,7	//	49	64,3	//	76	4,3
//	66	22,7	//	50	61,0	//	77	2,8
//	67	20,8	//	51	57,8	//	78	1,4
//	68	18,9	//	52	54,7	—	—	—
//	69	17,1	//	53	51,7	78	38	109,1
//	70	15,3	//	54	48,9	//	39	103,8
//	71	13,6	//	55	46,1	//	40	98,7

TABLEAU VIII (suite)

Degrés à réduire	Degrés à obtenir	Quantité d'eau à ajouter	Degrés à réduire	Degrés à obtenir	Quantité d'eau à ajouter	Degrés à réduire	Degrés à obtenir	Quantité d'eau à ajouter
de	à	lit. dc.	de	à	lit. dc.	de	à	lit. dc.
78°	41°	93,9	78°	68°	15,7	77°	54°	44,9
//	42	89,3	//	69	14,0	//	55	42,2
//	43	84,9	//	70	12,3	//	56	39,6
//	44	80,7	//	71	10,6	//	57	37,1
//	45	76,6	//	72	9,0	//	58	34,7
//	46	72,8	//	73	7,4	//	59	32,3
//	47	69,1	//	74	5,8	//	60	30,0
//	48	65,5	//	75	4,3	//	61	27,8
//	49	62,1	//	76	2,8	//	62	25,7
//	50	58,8	//	77	1,4	//	63	23,6
//	51	55,7	—	—	—	//	64	21,6
//	52	52,7	77	38	106,3	//	65	19,7
//	53	49,7	//	39	101,1	//	66	17,8
//	54	46,9	//	40	96,1	//	67	15,9
//	55	44,2	//	41	91,3	//	68	14,2
//	56	41,5	//	42	86,7	//	69	12,4
//	57	39,0	//	43	82,4	//	70	10,7
//	58	36,5	//	44	78,2	//	71	9,1
//	59	34,1	//	45	74,3	//	72	7,5
//	60	31,8	//	46	70,5	//	73	5,9
//	61	29,6	//	47	66,8	//	74	4,4
//	62	27,4	//	48	63,3	//	75	2,9
//	63	25,3	//	49	59,9	//	76	1,4
//	64	23,3	//	50	56,7	—	—	—
//	65	21,3	//	51	53,6	76	38	103,5
//	66	19,4	//	52	50,6	//	39	98,3
//	67	17,6	//	53	47,7	//	40	93,4

TABLEAU VIII (*suite*)

Degrés à réduire	Degrés à obtenir	Quantité d'eau à ajouter	Degrés à réduire	Degrés à obtenir	Quantité d'eau à ajouter	Degrés à réduire	Degrés à obtenir	Quantité d'eau à ajouter
de	à	lit. de.	de	à	lit. de.	de	à	lit. de.
76°	41°	88.7	76°	68°	12,6	75°	56°	35,8
//	42	84,2	//	69	10,9	//	57	33,3
//	43	79,9	//	70	9,2	//	58	31,0
//	44	75,8	//	71	7,5	//	59	28,7
//	45	71,2	//	72	6,0	//	60	26,5
//	46	68,1	//	73	4,4	//	61	24,3
//	47	64,5	//	74	2,9	//	62	22,2
//	48	61,1	//	75	1,4	//	63	20,2
//	49	57,8	—	—	—	//	64	18,3
//	50	54,6	75	38	100,8	//	65	16,4
//	51	51,5	//	39	95,6	//	66	14,5
//	52	48,5	//	40	90,8	//	67	12,7
//	53	45,7	//	41	86,1	//	68	11,0
//	54	42,9	//	42	81,7	//	69	9,3
//	55	40,3	//	43	77,5	//	70	7,6
//	56	37,7	//	44	73,4	//	71	6,0
//	57	35,2	//	45	69,5	//	72	4,5
//	58	32,8	//	46	65,8	//	73	2,9
//	59	30,5	//	47	62,3	//	74	1,4
//	60	28,3	//	48	58,9	—	—	—
//	61	26,1	//	49	55,6	74	38	98,0
//	62	24,0	//	50	52,4	//	39	92.9
//	63	21,9	//	51	49,4	//	40	88,1
//	64	19,9	//	52	46,5	//	41	83,5
//	65	18,0	//	53	43,7	//	42	79,2
//	66	16,2	//	54	40,9	//	43	75,0
//	67	14,3	//	55	38,3	//	44	71,0

TABLEAU VIII (suite)

Degrés à réduire	Degrés à obtenir	Quantité d'eau à ajouter	Degrés à réduire	Degrés à obtenir	Quantité d'eau à ajouter	Degrés à réduire	Degrés à obtenir	Quantité d'eau à ajouter
de	à	lit. dc.	de	à	lit. dc.	de	à	lit dc.
74°	45°	67,2	74°	72°	3,0	73°	62°	18,8
//	46	63,5	//	73	1,5	//	63	16,8
//	47	60,0	—	—	—	//	64	14,9
//	48	56,7	73	38	95,2	//	65	13,1
//	49	53,4	//	39	90,2	//	66	11,3
//	50	50,3	//	40	85,5	//	67	9,5
//	51	47,3	//	41	81,0	//	68	7,8
//	52	44,4	//	42	76,7	//	69	6,2
//	53	41,6	//	43	72,5	//	70	4,6
//	54	39,0	//	44	68,6	//	71	3,0
//	55	36,4	//	45	64.8	//	72	1,5
//	56	33,9	//	46	61,2	—	—	—
//	57	31,5	//	47	57,8	72	38	92,4
//	58	29,1	//	48	54.4	//	39	87,5
//	59	26,9	//	49	51,2	//	40	82,8
//	60	24,7	//	50	48,2	//	41	78,4
//	61	22,6	//	51	45,2	//	42	74,1
//	62	20,5	//	52	42,4	//	43	70,1
//	63	18,5	//	53	39,6	//	44	66,2
//	64	16,6	//	54	37,0	//	45	62,5
//	65	14,7	//	55	34,4	//	46	58,9
//	66	12.9	//	56	32,0	//	47	55,5
//	67	11,1	//	57	29,6	//	48	52,2
//	68	9,4	//	58	27,3	//	49	49,1
//	69	7,7	//	59	25,1	//	50	46,0
//	70	6,1	//	60	22,9	//	51	43,1
//	71	4,5	//	61	20,8	//	52	40,3

TABLEAU VIII (suite)

Degrés à réduire	Degrés à obtenir	Quantité d'eau à ajouter	Degrés à réduire	Degrés à obtenir	Quantité d'eau à ajouter	Degrés à réduire	Degrés à obtenir	Quantité d'eau à ajouter
de	à	lit. dc.	de	à	lit. dc.	de	à	lit. dc.
72°	53°	37,6	71°	45°	60,1	70°	38°	86,9
//	54	35,0	//	46	56,6	//	39	82,1
//	55	32,5	//	47	53,2	//	40	77,6
//	56	30,1	//	48	50,0	//	41	73,2
//	57	27,7	//	49	46,9	//	42	69,1
//	58	25,5	//	50	43,9	//	43	65,2
//	59	23,2	//	51	41,1	//	44	61,4
//	60	21,1	//	52	38,3	//	45	57,8
//	61	19,1	//	53	35,6	//	46	54,3
//	62	17,1	//	54	33,1	//	47	51,0
//	63	15,1	//	55	30,6	//	48	47,8
//	64	13,2	//	56	28,2	//	49	44,7
//	65	11,4	//	57	25,9	//	50	41,8
//	66	9,7	//	58	23,6	//	51	39,0
//	67	7,9	//	59	21,4	//	52	36,2
//	68	6,3	//	60	19,3	//	53	33,6
//	69	4,6	//	61	17,3	//	54	31,1
//	70	3,0	//	62	15,3	//	55	28,6
//	71	1,5	//	63	13,4	//	56	26,3
—	—	—	//	64	11,6	//	57	24,0
71	38	89,7	//	65	9,8	//	58	21,8
//	39	84,8	//	66	8,0	//	59	19,6
//	40	80,2	//	67	6,3	//	60	17,6
//	41	75,8	//	68	4,7	//	61	15,6
//	42	71,6	//	69	3,1	//	62	13,6
//	43	67,6	//	70	1,5	//	63	11,7
//	44	63,8	—	—	—	//	64	9,7

TABLEAU VIII (suite)

Degrés à réduire	Degrés à obtenir	Quantité d'eau à ajouter	Degrés à réduire	Degrés à obtenir	Quantité d'eau à ajouter	Degrés à réduire	Degrés à obtenir	Quantité d'eau à ajouter
de	à	lit. de.	de	à	lit. de.	de	à	lit. de.
70°	65°	8,1	69°	59°	17,8	68°	54°	27,2
//	66	6,4	//	60	15,8	//	55	24,8
//	67	4,7	//	61	13,8	//	56	22,5
//	68	3,1	//	62	11,9	//	57	20,3
//	69	1,5	//	63	10,1	//	58	18,1
—	—	—	//	64	8,2	//	59	16,0
69	38	84,1	//	65	6,5	//	60	14,0
//	39	79,4	//	66	4,8	//	61	12,1
//	40	75,0	//	67	3,2	//	62	10,2
//	41	70,7	//	68	1,6	//	63	9,4
//	42	66.6	—	—	—	//	64	6,6
//	43	62,7	68	38	81,4	//	65	4,9
//	44	59,0	//	39	76.7	//	66	3,2
//	45	55.4	//	40	72,3	//	67	1,6
//	46	52,0	//	41	68,1	—	—	—
//	47	48,7	//	42	64,1	67	38	78,6
//	48	45,6	//	43	60.3	//	39	74,1
//	49	42,6	//	44	56,6	//	40	69,7
//	50	39,7	//	45	53,1	//	41	65,6
//	51	36.9	//	46	49,7	//	42	61,6
//	52	34,2	//	47	46,5	//	43	57,8
//	53	31,6	//	48	43,4	//	44	54,2
//	54	29,1	//	49	40,4	//	45	50,8
//	55	26,7	//	50	37,6	// .	46	47,4
//	56	24,4	//	51	34,8	//	47	44,3
//	57	22,1	//	52	32,2	//	48	41,2
//	58	20,0	//	53	29,6	//	49	38,3

TABLEAU VIII (suite)

Degrés à réduire	Degrés à obtenir	Quantité d'eau à ajouter	Degrés à réduire	Degrés à obtenir	Quantité d'eau à ajouter	Degrés à réduire	Degrés à obtenir	Quantité d'eau à ajouter
de	à	lit. dc.	de	à	lit. dc.	de	à	lit. dc.
67°	50°	35,5	66°	47°	42,0	65°	45°	46,1
//	51	32,8	//	48	39,0	//	46	42.9
//	52	30,1	//	49	36,1	//	47	39,8
//	53	27,6	//	50	33,4	//	48	36,8
//	54	25,2	//	51	30,7	//	49	34,0
//	55	22,9	//	52	28,1	//	50	31,3
//	56	20,6	//	53	25,6	//	51	28,6
//	57	18,4	//	54	23,2	//	52	26,1
//	58	16,3	//	55	20,9	//	53	23,7
//	59	14,3	//	56	18,7	//	54	21,3
//	60	12,3	//	57	16,6	//	55	19,0
//	61	10,4	//	58	14.5	//	56	16,8
//	62	8,5	//	59	12,5	//	57	14,7
//	63	6,7	//	60	10,5	//	58	12,7
//	64	4,9	//	61	8,6	//	59	10,7
//	65	3,2	//	62	6,8	//	60	8,8
//	66	1,6	//	63	5,0	//	61	6,9
—	—	—	//	64	3,3	//	62	5,1
66	38	75,9	//	65	1,6	//	63	3,3
//	39	71,4	—	—	—	//	64	1,6
//	40	67,1	65	38	73,1	—	—	—
//	41	63,0	//	39	68,7	64	38	70,4
//	42	59,1	//	40	64,5	//	39	66,0
//	43	55,4	//	41	60,5	//	40	61,9
//	44	51,8	//	42	56,6	//	41	57,9
//	45	48,4	//	43	52,9	//	42	54,1
//	46	46,1	//	44	49,4	//	43	50,5

TABLEAU VIII (*suite*)

Degrés à réduire	Degrés à obtenir	Quantité d'eau à ajouter	Degrés à réduire	Degrés à obtenir	Quantité d'eau à ajouter	Degrés à réduire	Degrés à obtenir	Quantité d'eau à ajouter
de	à	lit. dc.	de	à	lit. dc.	de	à	lit. dc.
64°	44°	47,1	63°	44°	44,7	62°	45°	39,1
//	45	43,8	//	45	41,4	//	46	36,0
//	46	40,6	//	46	38,3	//	47	33,1
//	47	37,6	//	47	35,3	//	48	30,3
//	48	34,6	//	48	32,5	//	49	27,6
//	49	31,8	//	49	29.7	//	50	25,0
//	50	29.2	//	50	27,1	//	51	22,5
//	51	26,6	//	51	24,5	//	52	20,0
//	52	24,1	//	52	22,1	//	53	17,7
//	53	21,7	//	53	19,7	//	54	15,5
//	54	19,4	//	54	17,4	//	55	13,3
//	55	17,1	//	55	15,2	//	56	11,2
//	56	15,0	//	56	13,1	//	57	9.2
//	57	12,8	//	57	11,0	//	58	7,2
//	58	10,9	//	58	9,0	//	59	5.3
//	59	8,9	//	59	7,1	//	60	3,6
//	60	7,0	//	60	5,2	//	61	1,7
//	61	5,2	//	61	3,4	—	—	—
//	62	3,4	//	62	1,7	61	38	62,2
//	63	1,7	—	—	—	//	39	58,0
—	—	—	62	38	64,9	//	40	54,0
63	38	67,6	//	39	60,7	//	41	50,3
//	39	63,3	//	40	57,6	//	42	46,7
//	40	59,3	//	41	52,8	//	43	43,2
//	41	55,4	//	42	49,1	//	44	39,9
//	42	51,6	//	43	45,6	//	45	36,8
//	43	48,1	//	44	42,3	//	46	33,8

CONSTANTES PHYSIQUES

TABLEAU VIII (*suite*)

Degrés à réduire	Degrés à obtenir	Quantité d'eau à ajouter	Degrés à réduire	Degrés à obtenir	Quantité d'eau à ajouter	Degrés à réduire	Degrés à obtenir	Quantité d'eau à ajouter
de	à	lit. dc.	de	à	lit. dc.	de	à	lit. dc.
61°	47°	30,9	60°	50°	20,8	59°	54°	9,6
//	48	28,1	//	51	18,3	//	55	7,6
//	49	25,4	//	52	16.0	//	56	5,6
//	50	22,9	//	53	13,7	//	57	3,7
//	51	20,4	//	54	11,6	//	58	1,8
//	52	18,0	//	55	9,5	—	—	—
//	53	15,7	//	56	7,4	58	38	54,0
//	54	13,5	//	57	5,5	//	39	50,0
//	55	11,4	//	58	3,6	//	40	46,2
//	56	9,3	//	59	1,8	//	41	42,6
//	57	7,3	—	—	—	//	42	39,2
//	58	5,4	59	38	56,7	//	43	35,9
//	59	3,5	//	39	52,7	//	44	32,8
//	60	1,7	//	40	48 8	//	45	29,8
—	—	—	//	41	45,2	//	46	26.9
60	38	69,4	//	42	41,7	//	47	24,2
//	39	55,3	//	43	38,4	//	48	21,6
//	40	51,4	//	44	35,2	//	49	19,0
//	41	47,7	//	45	32,1	//	50	16,6
//	42	44,2	//	46	29,2	//	51	14,2
//	43	40,8	//	47	26,4	//	52	12,0
//	44	37,5	//	48	23,7	//	53	9.9
//	45	34,5	//	49	21,2	//	54	7,7
//	46	31,5	//	50	18,7	//	55	5,7
//	47	28,6	//	51	16,3	//	56	3,7
//	48	25,9	//	52	14,0	//	57	1,8
//	49	23,3	//	53	11,8	—	—	—

TABLEAU VIII (suite)

Degrés à réduire	Degrés à obtenir	Quantité d'eau à ajouter	Degrés à réduire	Degrés à obtenir	Quantité d'eau à ajouter	Degrés à réduire	Degrés à obtenir	Quantité d'eau à ajouter
de	à	lit. dc.	de	à	lit. dc.	de	à	lit. dc.
57°	38°	51,2	56°	45°	25,2	55°	53°	3,9
"	39	47,3	"	46	22,4	"	54	1,9
"	40	43,6	"	47	19,8	—	—	—
"	41	40,1	"	48	17,2	54	38	43,1
"	42	36,7	"	49	14,8	"	39	39,4
"	43	33,5	"	50	12,4	"	40	35,9
"	44	30,5	"	51	10,2	"	41	32,5
"	45	27,5	"	52	8,0	"	42	29,3
"	46	24,7	"	53	5,9	"	43	26,3
"	47	22,0	"	54	3,8	"	44	23,4
"	48	19,4	"	55	1,9	"	45	20,6
"	49	16,9	—	—	—	"	46	17,9
"	50	14,5	55	38	45,8	"	47	15,3
"	51	12,2	"	39	42,0	"	48	12,9
"	52	10,0	"	40	38,5	"	49	10,5
"	53	7,8	"	41	35,0	"	50	8,3
"	54	5,8	"	42	31,8	"	51	6,1
"	55	3,8	"	43	28,7	"	52	4,0
"	56	1,9	"	44	25,7	"	53	1,9
—	—	—	"	45	22,9	—	—	—
56	38	48,5	"	46	20,2	53	38	40,3
"	39	44,7	"	47	17,6	"	39	36,7
"	40	41,1	"	48	15,1	"	40	33,3
"	41	37,6	"	49	12,7	"	41	30,0
"	42	34,3	"	50	10,3	"	42	26,9
"	43	31,1	"	51	8,1	"	43	23,9
"	44	28,1	"	52	6,0	"	44	21,0

TABLEAU VIII (*suite*)

Degrés à réduire	Degrés à obtenir	Quantité d'eau à ajouter	Degrés à réduire	Degrés à obtenir	Quantité d'eau à ajouter	Degrés à réduire	Degrés à obtenir	Quantité d'eau à ajouter
de	à	lit. dc.	de	à	lit. dc.	de	à	lit. dc.
53°	45°	18,3	51°	41°	25,0	49°	41°	20,0
//	46	15,7	//	42	22,0	//	42	17,1
//	47	13,2	//	43	19,1	//	43	14,3
//	48	10,7	//	44	16,3	//	44	11,6
//	49	8,4	//	45	13,7	//	45	9,1
//	50	6,2	//	46	11,2	//	46	6,7
//	51	4,1	//	47	8,7	//	47	4,4
//	52	2,0	//	48	6,4	//	48	2,1
—	—	—	//	49	4,2	—	—	—
52	38	37,6	//	50	2,1	48	38	26,8
//	39	34,1	—	—	—	//	39	23,5
//	40	30,7	50	38	32,2	//	40	20,4
//	41	27,5	//	39	28,8	//	41	17,4
//	42	24,4	//	40	25,6	//	42	14,6
//	43	21,5	//	41	22,5	//	43	11,9
//	44	18,7	//	42	19,5	//	44	9,3
//	45	16,0	//	43	16,7	//	45	6,8
//	46	13,4	//	44	14,0	//	46	4,5
//	47	11,0	//	45	11,4	//	47	2,2
//	48	8,6	//	46	8,9	—	—	—
//	49	6,3	//	47	6,6	47	38	24,1
//	50	4,1	//	48	4,3	//	39	20,9
//	51	2,0	//	49	2,1	//	40	17,9
—	—	—	—	—	—	//	41	14,9
51	38	34,9	49	38	29,5	//	42	12,2
//	39	31,4	//	39	26,2	//	43	9,5
//	40	28,1	//	40	23,0	//	44	7,0

TABLEAU VIII (*suite*)

Degrés à réduire	Degrés à obtenir	Quantité d'eau à ajouter	Degrés à réduire	Degrés à obtenir	Quantité d'eau à ajouter	Degrés à réduire	Degrés à obtenir	Quantité d'eau à ajouter
de	à	lit. de.	de	à	lit. de.	de	à	lit. de.
47°	45°	4,6	45°	42°	7,3	43°	42°	2,4
//	46	2,2	//	43	4,7	—	—	—
—	—	—	//	44	2,3	42	38	10,7
46	38	21,4	—	—	—	//	39	7,8
//	39	18,3	44	38	16,0	//	40	5,1
//	40	15,3	//	39	13,0	//	41	2,5
//	41	12,4	//	40	10,2	—	—	—
//	42	9,7	//	41	7,5	41	38	8,0
//	43	7,0	//	42	4,9	//	39	5,2
//	44	4,6	//	43	2,4	//	40	2,5
//	45	2,3	—	—	—	—	—	—
—	—	—	43	38	13,4	40	38	5,3
45	38	18,7	//	39	10,4	//	39	2,6
//	39	15,7	//	40	7,6	—	—	—
//	40	12,7	//	41	5,0	39	38	2,7
//	41	9,9						

TABLEAU X

Richesse du liquide		Chaleur du liquide depuis eau et alcool à 0° jusqu'à l'ébullition $-\mu + ct$	Richesse des vapeurs		Chaleur latente des vapeurs produites λ_1	Chaleur des vapeurs, depuis eau et alcool à 0° jusqu'à la température d'ébullition du liquide générateur $-\mu_1 + \lambda_1 + c_1 t$
en volumes GL	en poids T		en volumes V	en poids U		
1	0,80	105,45	9,90	7,96	509,1	616,0
2	1,60	105,42	17,70	14,36	487,1	594,0
3	2,40	105,36	25,20	20,60	466,0	570,3
4	3,20	105,25	31,27	25,75	448,7	553,0
5	4,04	105,06	35,75	29,62	435,9	537,5
6	4,81	104,74	39,30	32,74	425,8	325,7
7	5,62	104,24	42,60	35,71	416,7	514,7
8	6,43	103,65	45,50	38,36	407,5	504,2
9	7,24	102,96	48,40	40,99	399,2	494,5
10	8,05	102,20	51,00	43,47	391,0	485,6
11	8,87	101.35	53,45	45,80	382.6	476,6
12	9,67	100,52	55,75	48,01	376,0	468,7
13	10,51	99,70	57,45	50,07	370,1	460,9
14	11,33	98,89	59,80	52,00	364,1	454,0
15	12,15	98,10	61,50	53,70	358,2	447,2
16	12,98	97,30	62,95	55,16	353,8	441.3
17	13,80	96.53	64,05	56,28	349,8	436,6
18	14,63	95,80	64,95	57,20	346,7	432,7
19	15,46	93,13	65,65	57,91	344,5	429,5
20	16,28	94.46	66.20	58,49	342,6	426,7
21	17,11	93,86	66,60	58,91	341,1	424,4
22	17,95	93,30	67,00	59,33	339,8	422,5
23	18,78	92,80	67,36	59,70	338,6	420.5
24	19,62	92,27	67,70	60,06	337,4	419,0
25	20,46	91,82	67,95	60,33	336,6	417,5

TABLEAU X (suite)

Richesse du liquide		Chaleur du liquide depuis eau et alcool à 0° jusqu'à l'ébullition $-\mu + ct$	Richesse des vapeurs		Chaleur latente des vapeurs produites λ_1	Chaleur des vapeurs depuis eau et alcool à 0° jusqu'à la température d'ébullition du liquide générateur $-\mu_1 + \lambda_1 + c_1 t$
en volumes G.	en poids T		en volumes V	en poids U		
26	21,30	91,37	68,20	60,59	335,6	416,0
27	22,14	90,93	68.47	60,87	334,8	414,9
28	22,99	90,49	68,75	61,16	334,0	413,7
29	23,84	90,04	69,00	61,43	333,2	412,6
30	24,69	89,60	69,26	61,70	332,2	411,6
31	25,55	89,23	69,50	61,96	331,4	410,6
32	26,41	88,91	69,77	62,25	330,4	409,5
33	27,27	88,60	70,05	62,55	329,5	408,5
34	28,13	88.26	70,30	62,82	328,5	407,5
35	28,99	87,94	70,60	63,16	327,6	406,5
36	29,86	87,61	70,87	63,43	326,6	405,5
37	30,74	87,30	71,15	63,74	325,7	404,4
38	31,62	86,98	71,43	64.04	324,7	403,2
39	32,50	86,66	71,68	64,31	323,7	402,0
40	33,39	86,33	71,95	64,60	322,9	400,8
41	34,28	86,00	72,22	64,90	321,7	399.6
42	35,18	85,67	72,50	65,21	320 9	398,5
43	36,08	85,33	72,80	65,53	319,8	397,1
44	36,99	84,98	73,12	65,85	318,7	395,8
45	37,90	84,63	73,45	66,21	317,7	394,5
46	38,82	84,25	73,75	66,55	316,6	393,1
47	39,74	83,88	74,05	66,89	315,5	391,8
48	40,66	83,50	74,35	67,23	314,5	390,5
49	41,59	83,11	74,65	67,55	313 3	389,0
50	42,52	82,73	74,95	67,88	312,2	387,7

TABLEAU X (suite)

Richesse du liquide en volumes GL	en poids T	Chaleur du liquide depuis eau et alcool à 0° jusqu'à l'ébullition $= \mu + ct$	Richesse des vapeurs en volumes V	en poids U	Chaleur latente des vapeurs produites λ_1	Chaleur des vapeurs depuis eau et alcool à 0° jusqu'à la température d'ébullition du liquide générateur $= \mu_1 + \lambda_1 + c_1 t$
51	43,47	82,34	75,27	78,22	311,5	386,4
52	44,42	81,94	75,58	68.58	310,1	385,0
53	45,37	81,53	75,90	68,93	308,9	383,5
54	46.32	81,11	76,22	69,29	308,0	382,0
55	47,29	80,70	76,54	69,65	306,9	380,6
56	48,26	80,30	76,86	70,01	305.7	379,2
57	49,23	79.86	77,18	70,38	304,5	·377,8
58	50,21	79,49	77,50	70,74	303,3	376,5
59	51,20	79,05	77,83	71,11	302,0	375.0
60	52,20	78,65	78,17	71.50	301,8	373,5
61	53,20	78,25	78,52	71,89	299.6	372,1
62	54,20	77,85	78,86	72,28	298,5	370,6
63	55,21	77,45	79,20	72,68	297,2	369,1
64	56,23	77,09	79,56	73,09	295,8	367,5
65	57,25	76,70	79,92	73,49	294,5	366,0
66	58,29	76,30	80,28	73,92	293,3	364,4
67	59,33	75,88	80,65	74'36	291,9	362,6
68	60,38	75,48	81,05	74,80	290,4	360,8
69	61,43	75,05	81,45	75,28	289,0	359,0
70	62,49	74.65	81,85	75,79	287,5	357,2
71	63.57	74,25	82,30	76,32	285,9	355,2
72	64,65	73,80	82,75	76.88	284,2	353,2
73	65,73	73,36	83,20	77,40	282,5	351,2
74	66,83	72,92	83,65	77,92	280.9	349,2

TABLEAU IX (*suite*)

Richesse du liquide		Chaleur du liquide depuis eau et alcool à 0° jusqu'à l'ébullition $-\mu + ct$	Richesse des vapeurs		Chaleur latente des vapeurs produites λ	Chaleur des vapeurs depuis eau et alcool à 0° jusqu'à la température d'ébullition du liquide générateur $-\mu_1 + \lambda_1 c_1 t$
en volumes GL	en poids T		en volumes V	en poids U		
75	67,93	72,46	84,10	78,45	279,2	347,2
76	69,04	71,98	84.55	78,98	277,5	345,1
77	70,17	71,50	85,00	79,50	275,8	343,0
78	71,30	71,00	85,48	80,10	273,9	340,9
79	72,45	70,49	85,98	80,70	271,9	338,6
80	73,58	69,95	86,49	81,31	269,9	336,3
81	74,75	69,39	87,00	81,95	267,9	334,4
82	75,96	68,79	87,50	82,57	266,0	331,8
83	77,18	68,15	88,02	83,19	264,0	329,5
84	78,29	67,54	88,53	83,85	261,9	327,0
85	79,50	66,88	89,05	84,51	259,7	324,6
86	80,70	66,25	89,59	85,21	257,6	322,1
87	81,95	65,51	90,12	85,92	255,5	319,6
88	83,17	64,92	90,67	86,63	253,3	317,1
89	84,46	64,25	91,23	87,37	251,1	314,5
90	85,76	63,63	91,80	88,09	249,0	311,9
91	87,07	62,92	92,55	89,11	245,8	307,6
92	88,38	62,15	93,25	90,03	242,7	303,9
93	89,70	61,40	93,80	90,74	240,1	301,0
94	91,01	60,68	94,50	91,75	237,0	295,1
95	92,46	59,77	95,35	92,95	233,0	289,5
96	93,89	59,00	96,20	94,16	228,9	285,5
97	95,35	58,20	97,10	95,52	224,5	281,5
98	96,84	57,40	98,00	96,84	220,0	277,4

TABLEAU X

	Richesse du liquide		Chaleur spécifique C	Chaleur de mélange μ	Chaleur latente de vaporisation λ	Température d'ébullition t	Richesse des vapeurs	
	en volumes GL	en poids T					en volumes V	en poids U
1	0,80	1,015 + 0,00 135t		1,0	533,7	99,0	9,90	7,96
2	1,60	1,025	155	1,6	531,0	98,2	17,70	14,36
3	2,40	1,030	165	2,0	528,2	97,4	25,20	20,60
4	3,20	1,035	175	2,4	525,6	96,6	31,25	25,75
5	4,04	1,040	185	2,8	522,8	95,9	35,75	29,62
6	4,81	1,045	190	3,1	520,0	95,2	39,30	32.74
7	5,62	1,050	190	3,5	517,2	94,5	42,60	35,71
8	6,43	1,055	195	3,8	514,4	93,9	45,50	38,36
9	7,24	1,055	195	4,2	511,6	93,3	48,40	40,99
10	8,05	1,060	200	4,5	508,8	92.6	51,00	43,47
11	8,87	1,060	200	4,9	506,0	92,1	53,45	45,80
12	9.67	1,060	200	5,2	503,2	91,5	55,75	48,01
13	10.51	1,060	200	5,6	500,4	91,1	57,45	50,07
14	11,33	1,065	205	5,9	497,6	90,6	59,80	52,00
15	12,15	1,065	205	6,3	494,8	90,2	61,50	53,70
16	12.98	1,065	205	6,6	492,0	89,7	62,95	55,16
17	13,80	1,065	205	6.9	489,2	89,3	64,05	56,28
18	14,63	1,065	205	7,2	486,4	89,0	64,95	57,20
19	15,46	1,065	205	7,4	483,5	88,6	65,65	57,91
20	16,28	1,065	205	7,7	480,8	88.3	66,20	58,49
21	17,11	1,065	205	8,0	477,9	87,9	66 60	58,91
22	17,95	1,065	205	8,3	475,2	87,7	67,00	59,33
23	18,78	1,060	205	8,5	472.3	87,4	67,36	59.70
24	19,62	1,060	205	8,7	469,5	87,1	67,70	60,06
25	20,46	1,060 + 0,00 210		7,9	466,6	86,9	67,95	60,33

TABLEAU X (suite)

Richesse du liquide		Chaleur spécifique C	Chaleur de mélange μ	Chaleur latente de vaporisation λ	Température d'ébullition t	Richesse des vapeurs	
en volumes GL	en poids T					en volumes V	en poids V
26	21,30	1,060 + 0,00 210t	9,1	463,7	86,6	68,20	60,59
27	22,14	1,060	210	9,2	460,9	86,4	68,47	60,87
28	22,99	1,055	215	9,3	457,9	86,2	68,75	61,16
29	23,84	1,055	215	9,4	455,0	86,0	69,00	61,43
30	24,69	1,055	220	9,4	452,0	85,7	69,26	61,70
31	25,55	1,055	220	9,5	449,4	85,5	69,50	61,96
32	26,41	1,050	225	9,5	446,5	85,3	69,77	62,25
33	27,27	1,050	230	9,6	443,8	85,1	70,05	62,55
34	28,13	1,050	230	9,6	440,9	85,0	70,30	62,82
35	28,99	1,045	235	9,6	438,1	84,8	70,60	63,16
36	29,86	1,045	240	9,6	435,2	84,7	70,87	63,43
37	30,74	1,040	240	9,6	432,3	84,5	71,15	63,74
38	31,62	1,040	245	9,6	429,4	84,4	71,43	64,04
39	32,50	1,035	245	9,6	426,5	84,2	71,68	64,31
40	33,39	1,035	250	9,5	423,7	84,1	71,95	64,60
41	34,28	1,030	250	9,5	420,8	83,9	72,22	64,90
42	35,18	1,025	255	9,4	418,0	83,8	72,50	65,21
43	36,08	1,020	255	9,3	415,0	83,7	72,80	65,53
44	36,99	1,020	255	9,2	412,0	83,5	73,12	65,85
45	37,90	1,015	260	9,1	409,0	83,4	73,45	66,21
46	38,82	1,110	260	9,0	406,0	83,3	73,75	66,55
47	39,74	1,005	265	8,9	403,0	83,1	74,05	66,89
48	40,66	1	265	8,7	400,0	83,0	74,35	67,23
49	41,59	0,095	265	8,5	397,0	82,9	74,65	67,55
50	42,52	0,990 + 0,00 270t	8,4	394,0	82,8	74,95	67,88

TABLEAU X (suite)

Richesse du liquide		Chaleur spécifique C	Chaleur de mélange μ	Chaleur latente de vaporisation λ	Température d'ébullition t	Richesse des vapeurs	
en volumes GL	en poids T					en volumes V	en poids V
51	43,47	0,985 + 0,00 2-0ᵗ	8,2	391,0	82,70	75,27	68,22
52	44,42	0,980 870	8,1	388,0	82,58	75,58	68,58
53	45,37	0.975 275	7,9	384,9	82.47	75,90	68,93
54	46,32	8,970 275	7,8	381,9	82,35	76,22	69,29
55	47,29	0.960 275	7,6	378,7	82,25	76,54	69,65
56	48,26	0,955 280	7,4	375,2	82,14	76,86	70,01
57	49,23	0,950 280	7,3	372,1	82,03	77,18	70,38
58	50,21	0,945 280	7,1	369,0	81,92	77,50	70,74
59	51,20	0'640 280	6,9	366,0	81,81	77,83	71,11
60	52,20	0,930 285	6,8	363,0	81,70	78,17	71,50
61	53,20	0,925 285	6,6	359,9	81,61	78,52	71,89
62	54,20	0,920 285	6,4	356,6	81,52	78,86	72,28
63	55,21	0,915 290	6,2	353,2	81,43	79,20	72,68
64	56,23	0,910 290	6,1	349,9	81,34	79,56	73,09
65	57,25	0,900 290	5,9	346,6	81,25	79.92	73,49
66	58,29	0,895 290	5,7	343.1	81,16	80,28	73,92
67	59,33	0,885 295	5,6	339,8	81,07	80,65	74,36
68	60,38	0,880 295	5,4	336,5	80,98	81,05	74,80
69	61,43	0,875 295	5,2	332,2	80,89	81,45	75,28
70	62,49	0,865 295	5,0	329,7	80,80	81,85	75,77
71	63,57	0,860 300	4,8	326,2	80,71	82,30	76,32
72	64,65	0,855 300	4,7	322,6	80,63	82,75	76,88
73	65,73	0,850 300	4,5	319,2	80,54	83,20	77,40
74	66,83	0,840 300	4,3	315,7	80,45	83,65	77,92
75	67,93	0,830 + 0,00 300ᵗ	4,1	312,1	80,35	84,10	78,45

TABLEAU X (suite)

Richesse du liquide		Chaleur spécifique C	Chaleur de mélange μ	Chaleur latente de vaporisation λ	Température d'ébullition t	Richesse des vapeurs	
en volumes GL	en poids T					en volumes V	en poids V
76	69,04	0,825 + 0,00 300ᵗ	3,9	308,7	80,27	84,55	78,98
77	70,17	0,815 300	3,7	305,1	80,18	85,00	79,50
78	71,30	0,810 300	3,6	301,4	80,09	85,48	80,10
79	72.45	0,800 305	3,4	297,9	80,00	85,98	80,70
80	73,58	0,795 305	3,2	294,3	79,92	86,49	81,31
81	74,75	0,785 305	3,1	290,6	79,83	87,00	81,95
82	75,96	0,775 305	3,0	287,0	79,74	87,50	82,57
83	77,18	0,770 305	2,8	283,3	79,66	88,02	83,19
84	78,29	0,760 305	2,7	279,6	79,57	88,53	83,85
85	79,50	0,750 310	2,6	275,8	79,49	89,05	84,51
86	80,70	0,740 310	2,4	271,9	79,41	89,59	85,21
87	81,95	0,735 310	2,3	267,9	79,33	90,12	85,92
88	83,17	0,725 310	2,2	264,0	79,25	90,67	86,63
89	84.46	0,715 310	2,1	260,0	79,18	91,23	87,37
90	85,76	0,705 310	1,9	256,0	79,12	91,80	88,09
91	87,07	0,695 315	1,8	252,0	70,05	92,55	89,11
92	88.38	0,685 315	1,7	248,0	78,98	93,25	90,03
93	89,70	0,675 315	1,6	243,7	78,90	93,80	90,74
94	91,01	0,660 315	1,4	239,2	78,83	94,50	91,75
95	92,46	0,650 320	1,3	234,7	78,75	95,35	92,95
96	93,89	0,635 325	1,2	229,9	78,68	96,20	94,16
97	95,35	0,625 325	1,0	225,0	78,61	97,10	95,52
98	96,84	0,610 330	0.8	220.0	78,56		
99	98,39	0,595 335	0,8	215,0	78.48		
100	100,0	6,580 + 0,00 340ᵗ	0	209,0	78,40		

DEUXIÈME PARTIE

CHAPITRE PREMIER

ALAMBICS ORDINAIRES

On a souvent besoin de séparer des corps volatils, soit les uns des autres, soit de corps non volatils.

Les opérations à réaliser pour remplir ce but portent le nom de *distillation*.

L'appareil de distillation le plus simple porte le nom d'*alambic*. Il se compose d'une chaudière ou *cucurbite* placée dans un fourneau et surmontée d'un dôme ou *chapiteau*, communiquant avec un condenseur formé soit d'un serpentin, soit d'un corps tubulaire plongé dans une capacité où de l'eau se renouvelle constamment.

Ce type d'appareils se rencontre dans tous les laboratoires pour la production de l'eau distillée; on le trouve aussi dans nombre de petites installations agricoles où il est appliqué à la

production de l'eau-de-vie. Dans ce cas, il fonctionne sans pression. La chaudière n'a donc pas
besoin d'être munie d'appareils de sûreté, puisque le condenseur communique directement
avec l'air. Il suffit de donner au tuyau qui relie
le chapiteau au condenseur une section suffisante pour qu'il ne se produise pas dans la
chaudière une pression appréciable. Cette pression peut se déterminer en kilogrammes par
mètre carré par la formule

$$z = \lambda \, \frac{L}{d} \, \gamma \, \frac{v^2}{2g}$$

où la variable λ a pour valeur

$$\lambda = 0,00154 \left(5 + \frac{1}{d} \right).$$

L, est la longueur en mètres ;
d, le diamètre en mètres ;
v, la vitesse de la vapeur en mètres par seconde.
γ, le poids du mètre cube de la vapeur en
    kilogrammes.

Or, on a sensiblement dans le cas de la vapeur
d'eau

$$v = \frac{P(1 + \alpha t)}{0,806 \, \pi d^2} \times \frac{H}{\left(H + \frac{z}{2} \right) \times 3\,600}$$

$$\gamma = \frac{0,806 \left(H + \frac{z}{2} \right)}{H(1 + \alpha t)}$$

H étant la pression dans le condenseur qu'on peut supposer égale à la pression atmosphérique, soit $1^{kg},03$ par centimètre carré ; P étant le poids d'eau vaporisée à l'heure en kilogrammes.

Dans le cas de l'eau, la formule se réduit donc à

$$\frac{z\left(1,03 + \dfrac{z}{2}\right)}{5 + \dfrac{z}{d}} = \frac{1,709}{10^9}\,\frac{LP^2}{d^5}.$$

De cette équation on déduit facilement, soit z, soit d, en fonction d'une de ces deux variables et des données L, P.

Comme, en pratique, on donne au tube de communication une forme très évasée à son départ du chapiteau, les dimensions calculées d'après cette formule donnent toute sécurité.

Dimensions de la surface de chauffe. 1° *Cas d'un chauffage direct par un foyer.* — Si le chauffage a principalement lieu par le rayonnement direct d'un foyer, et si l'on ne craint pas de surchauffer le fond de l'alambic, comme dans le cas de la distillation des vins, on peut compter transmettre 10 000 calories par mètre carré et par heure. Si la surface de chauffe qui se trouve à l'abri du rayonnement direct constitue une portion notable de la surface de chauffe totale, il convient de réduire le chiffre précédent à 7 500 calories.

2° *Cas d'un chauffage indirect par la vapeur.* — Les surfaces de chauffe à prévoir varient notablement avec la disposition de la capacité où l'on fait affluer la vapeur destinée au chauffage ; et suivant l'état de repos relatif ou de mouvement plus ou moins rapide du liquide à chauffer.

Si la chaudière est chauffée par un double fond, il est très rare qu'on soit certain d'expulser tout l'air qui s'y trouvait contenu au moment de la mise en route : or, la présence d'un gaz contrarie beaucoup la transmission de la chaleur. Dans ce cas, on comptera qu'il se condense $1^{kg},5$ de vapeur d'eau par mètre carré, par heure et par degré de différence de température, tant que le liquide à chauffer n'est pas à l'ébullition ou fortement agité, et 3 kilogrammes à partir du moment où le liquide arrive à l'ébullition ou est fortement agité. Si, au contraire, la vapeur de chauffage arrive par un tube étroit, ou par un corps tubulaire permettant d'expulser facilement tout l'air, on pourra compter environ 3 kilogrammes de vapeur d'eau condensée par mètre carré, par heure et par degré de différence de température, tant que le liquide à échauffer n'est pas porté à l'ébullition, et de 8 à 10 kilogrammes à partir du moment où il bout.

Quantité d'eau nécessaire pour la condensation. — La quantité d'eau nécessaire pour la condensation se calcule en écrivant que toute la chaleur gagnée par l'eau du condenseur est égale à celle qui est fournie par la condensation de la vapeur et le refroidissement du liquide distillé.

Appelons donc

Q, la quantité d'eau nécessaire à la condensation ;

θ, la température de l'eau échauffée à la sortie du condenseur ;

t, sa température initiale ;

P, le poids de vapeur à condenser ;

C, la chaleur totale de la vapeur à condenser depuis $0°$ jusqu'à la température qu'elle possède ;

t_1, la température du liquide condensé ;

c, sa chaleur spécifique à la température t_1.

On a la relation

$$Q (\theta - t) = P (C - ct_1).$$

Dans le cas de la vapeur d'eau, on a

$$Q (\theta - t) = (606,5 + 0,305T - ct_1)P$$

T étant la température de la vapeur saturée.

Dimensions du condenseur. — Le condenseur doit ramener à l'état liquide toute la vapeur, et de plus refroidir le liquide condensé au voisinage de la température de l'eau employée au refroidissement.

Étudions d'abord les dimensions nécessaires pour déterminer la condensation de la vapeur :

1° *Condenseur proprement dit.*

Appelons :

Q, la quantité de chaleur à transmettre par unité de temps ;

P, la quantité de liquide froid en kilogr., passant dans le condenseur par unité de temps ;

c, sa chaleur spécifique ;

p_0, le poids de vapeur en kilogramme entrant dans l'appareil dans l'unité de temps ;

λ, sa chaleur latente de vaporisation ;

S, la circonférence du tuyau de vapeur, ou. la somme des contours du faisceau tubulaire exprimée en mètres ;

l, la longueur du tuyau à partir de l'entrée de vapeur ;

L, la longueur totale, exprimée en mètres ;

τ_0, la température du liquide condensé que nous supposerons égale à celle de la vapeur ;

θ, la température du liquide réfrigérant dans une section déterminée ;

θ_i, la température initiale de ce liquide ;

θ_f, sa température finale ;

h, le coefficient de convection de la chaleur.

Dans un élément de longueur dl, il passe, pendant le temps dt, une quantité de chaleur dQ, proportionnelle à la différence de température entre les faces :

$$(1) \qquad dQ = Sh \, dl \, dt(\tau_0 - \theta)$$

Cette quantité de chaleur provient de la condensation d'un poids dp de vapeur :

$$(2) \qquad dQ = -\lambda dp$$

et échauffe de $d\theta$ le liquide réfrigérant :

$$(3) \qquad dQ = - Pc \, d\theta \, dt.$$

On a d'ailleurs la relation évidente

$$(4) \qquad \lambda(p_0 - p) = Pc(\theta_f - \theta)$$

d'où l'on déduit facilement

$$(5) \qquad \tau_0 - \theta = (\tau_0 - \theta_f)e^{\frac{Shl}{Pc}}$$

Ainsi la longueur l croissant en progression arithmétique, la température du liquide réfrigérant décroît en progression géométrique.

On a, par suite

$$(6) \qquad \tau_0 - \theta_i = (\tau_0 - \theta_f)e^{\frac{ShL}{Pc}}$$

et, pour déterminer L,

$$(7) \qquad ShL = Pc \, \text{Log.nép.} \, \frac{\tau_0 - \theta_i}{\tau_0 - \theta_f}$$

$$= \frac{\lambda p_0}{\theta_f - \theta_i} \, \text{Log.nép.} \, \frac{\tau_0 - \theta_i}{\tau_0 - \theta_f}$$

h étant la quantité de chaleur passant à travers un mètre carré de métal pendant 1 heure, et pour une différence de température de 1 degré, et les surfaces des condenseurs étant généralement en cuivre, on peut fixer sa valeur d'après les données relatives au chauffage indirect par la vapeur.

2° *Réfrigérant proprement dit.*

. La vapeur étant entièrement condensée, il faut généralement la refroidir jusqu'à une température donnée.

Appelons :

τ, la température du liquide condensé dans une section considérée ;

τ_f, sa température finale ;

γ, sa chaleur spécifique ;

θ', la température du liquide réfrigérant dans la section considérée ;

θ'_i sa température initiale ;

θ_i sera sa température finale ;

L', la longueur totale du réfrigérant proprement dit.

On arrive aux relations

(8) $$dQ = Sh \, dl \, dt(\tau - \theta')$$

(9) $$dQ = -p_0\gamma \, d\tau \, dt$$

(10) $$dQ = -Pc \, d\theta' dt.$$

On déduit des deux dernières

(11) $$\tau_0 - \tau = (\theta_i - \theta')\frac{Pc}{p_0\gamma}.$$

Portant cette valeur dans l'équation (8), on déduit de celle-ci et de l'équation (10)

$$\frac{Sh}{Pc}\left(\frac{Pc}{p_0\gamma} - 1\right)L' =$$

$$= \text{Log. nép.} \frac{(\tau_0 - \theta_i)p_0\gamma}{(\tau_0 - \theta_i)p_0\gamma - (\theta_i - \theta'_i)Pc}$$

et remarquant que

$$(\theta_i - \theta'_i)Pc = (\tau_0 - \tau_f)p_0\gamma$$

(12) $$\frac{Sh}{Pc}\left(\frac{Pc}{p_0\gamma} - 1\right)L' = \text{Log. nép.} \frac{\tau_0 - \theta_i}{\tau_f - \theta'_i},$$

relation dans laquelle on connaît d'après les données même τ_0 et θ'_i et où l'on s'est fixé τ_f pour calculer P.

On connaît d'ailleurs θ_i par la relation (6), puisque θ_f est une des données du calcul de P.

Dans le cas où $Pc = p_0\gamma$, on a forcément

(13) $$\tau_0 - \theta_i = \tau - \theta'$$

c'est-à-dire que la différence de température reste constante dans chaque tranche.

L'équation (8) devient donc

$$dQ = Sh \, dl \, dl(\tau - \theta').$$

On a par suite

$$Sh \, dl(\tau_0 - \theta_i) = - \, Pc \, d\theta$$

d'où

$$(14) \quad Sh \, L' = \frac{Pc(\theta_i - \theta'_i)}{\tau_0 - \theta_i} = \frac{p_0\gamma(\tau_0 - \tau_f)}{\tau - \theta_i}$$

relation qui sert souvent dans le calcul des ré-
cupérateurs de chaleur employés en distillerie.

Lorsque l'on veut calculer la longueur totale
ou la surface du condenseur complet, il faut naturellement ajouter les valeurs SL et SL′.

Avant de quitter cette question, examinons
encore deux cas intéressants dans la pratique.

Posons

$$SL' = \Sigma \quad \text{et} \quad \frac{Pc}{p_0\gamma} = \alpha$$

la formule (12) devient

$$\frac{\Sigma h}{Pc}(\alpha - 1) = \text{Log. nép.} \frac{\tau_0 - \theta_i}{\tau_f - \theta'_i}.$$

Si l'on remplace τ_f par sa valeur

$$\tau_f = \tau_0 - \alpha(\theta_i - \theta'_i)$$

déduite de l'équation (11), on en déduit

$$(15) \quad \frac{\Sigma h}{Pc}(1 - \alpha) = \text{Log.nép.} \left(1 + \frac{(\theta_i - \theta'_i)(1 - \alpha)}{\tau_0 - \theta_i}\right)$$

d'où

$$\frac{0_i - \theta'_i}{\tau_0 - 0_i} = \frac{e^{\frac{\Sigma h}{Pc}(1-\alpha)} - 1}{1 - \alpha}$$

ou

$$\frac{\tau_0 - \theta'_i}{\tau_0 - 0_i} = \frac{e^{\frac{\Sigma h}{Pc}} - \alpha}{1 - \alpha}.$$

Laissons constant le second membre, et appelons-le β, en remarquant qu'il est forcément plus grand que l'unité, nous obtenons la relation

$$(16) \qquad 0_i - \theta'_i = \frac{(\tau - \theta_i)(\beta - 1)}{\beta}.$$

Ainsi à mesure que la température initiale de l'eau croît en proportion arithmétique, la différence entre les températures à l'entrée et à la sortie décroît en progression arithmétique.

Valeur du coefficient de transmission h. — La plupart des réfrigérants sont construits en cuivre mince, on peut donc, le plus souvent, ne pas tenir compte de la conductibilité spécifique et de l'épaisseur du métal : toutefois, lorsque les réfrigérants sont en fonte épaisse, on doit faire entrer ces éléments dans le calcul.

Dans le cas le plus ordinaire, il faut encore tenir compte de la vitesse de circulation du liquide le long de la paroi de séparation.

En appelant, comme ci-dessus, h la quantité

de chaleur transmise par mètre carré, par heure,
pour une différence de 1 degré de température,
on a, d'après les expériences de Ser (*Physique
industrielle*, 1888).

Vitesse de l'eau	Coefficient h	Vitesse de l'eau	Coefficient h
0^m,10	750	0^m,60	1 800
0, 15	1 050	0, 70	1 920
0, 20	1 265	0, 80	2 025
0, 30	1 480	0, 90	2 180
0, 40	1 585	1, 00	2 260
0, 50	1 690	1, 10	2 400

D'après ces nombres, on peut inférer que pour
une vitesse de 0^m,05, h aurait pour valeur 425
environ, et pour une vitesse de 0^m,03 il aurait
pour valeur 250.

Le plus souvent h est compris entre 250 et
500. Il arrive même, lorsque le mouvement de
l'eau est gêné, que sa valeur s'abaisse à 100.
Pour tenir compte des incrustations, il vaut
mieux donner à h la valeur 250 quand on n'a
pas de données suffisantes sur la façon dont
l'appareil pourra s'incruster.

D'après des expériences inédites de MM. Schlœ-
sing et Rolland, on peut généralement adopter
le chiffre de 360.

Si au lieu d'eau on employait de l'air, le coefficient devrait être divisé par 1 200.

Pour le calcul de la transmission dans la partie où la vapeur existe encore, on pourra admettre le nombre 3 000.

CHAPITRE II

—

DISTILLATION A DES PRESSIONS DIFFÉRENTES DE LA PRESSION ATMOSPHÉRIQUE

L'alambic s'applique à la distillation à basse température à condition d'opérer dans le vide. Il suffit pour cela de mettre le condenseur en communication avec un réservoir dans lequel on entretient le vide.

Au début de l'opération, on fait bouillir dans la chaudière une certaine quantité de liquide dont la vapeur chasse l'air à travers le réfrigérant que l'on ne refroidit pas encore, ou bien on fait le vide avec une pompe pour hâter la fin de cette période préparatoire.

Quand tout l'air est chassé, on ferme toute communication avec l'air extérieur, et on refroidit le condenseur. Le vide se produit instantanément. Il suffit dès lors de maintenir le vide au degré voulu à l'aide de la pompe à air, et d'alimenter en évitant les rentrées d'air pour que la distillation se continue à basse température.

Le récipient est généralement muni de deux robinets, et raccordé au réfrigérant par un troisième robinet de façon qu'on puisse le changer ou le vider sans rendre l'air dans l'appareil distillatoire.

La consommation d'eau pour le refroidissement varie suivant qu'on maintient l'ébullition à telle ou telle température. En effet, supposons que la température d'ébullition soit $45°$, correspondant environ à une pression de $\frac{1}{10}$ d'atmosphère, que l'eau sorte du réfrigérant à $40°$, et entre à $12°$, et que le liquide condensé sorte à $16°$: s'il s'agit d'eau, notre formule de la p.91 devient :

$$Q(40 - 12) = (606,5 + 0,305 \times 45 - 16)P$$

d'où

$$Q = 22,45 \times P$$

Industriellement on dépasse de beaucoup cette quantité.

La surface du réfrigérant doit être notablement augmentée, comme le montrent les formules (7) p. 94 et (12) p. 95.

L'emploi d'un réfrigérant n'est nécessaire que quand on a pour but de recueillir le liquide distillé. Si celui-ci n'a pas de valeur, et si l'on n'a pour but que de recueillir par concentration les matières dissoutes, on supprime généralement le réfrigérant et l'on opère la condensation de la vapeur par contact direct avec un jet d'eau froide finement divisée. C'est ce qui a lieu, par exemple, dans les appareils à cuire en grain des sucreries. Le condenseur se compose alors d'une colonne creuse en fonte, dont la partie supérieure est souvent logée dans un réservoir plus large formant vase de sûreté pour retenir les mousses et les entraînements de sirop. La vapeur arrive par le haut. Au bas du condenseur est un tube percé d'un grand nombre de petits orifices par lesquels on injecte l'eau froide, dont l'écoulement est réglé par un robinet. L'air dégagé, l'eau injectée et l'eau condensée sont extraits par la pompe à air au moyen d'une tubulure inférieure.

Il y a des cas où, au lieu d'abaisser la température de distillation, on a intérêt à l'élever. Il suffit d'établir sur le tuyau d'évacuation des vapeurs une soupape de retenue qui ne se soulève que lorsque la pression voulue est atteinte. Il va sans dire que de tels appareils de distillation doivent être pourvus de tous les appareils de sûreté prescrits pour les générateurs à vapeur.

Appareils de distillation à effets multiples. — Dans les applications étudiées jusqu'ici, on a supposé que la vapeur dégagée de l'alambic est immédiatement condensée soit inutilement dans le réfrigérant, soit en partie utilement pour réchauffer le liquide alimentaire.

Dans l'industrie, on recourt souvent à un dispositif permettant d'employer la chaleur des vapeurs dégagées d'un alambic à produire l'ébullition d'une autre quantité de liquide, dont les vapeurs seront utilisées de la même façon et ainsi de suite. Dans la pratique, on arrive à opérer ainsi avec la même quantité de chaleur de trois à cinq distillations : On est, en effet, limité par les pertes de chaleur à travers les parois, par la température que conservent les liquides condensés et par la nécessité de maintenir entre les diverses chaudières une différence de température telle qu'il y ait encore transmission de chaleur sans qu'on soit amené à recourir à des surfaces métalliques de dimensions exagérées. Il faut, pour qu'il y ait transport de la chaleur d'une chaudière à l'autre qu'on établisse entre elles une différence de température ; c'est-à-dire que l'ébullition se produise à des températures décroissantes d'une chaudière à l'autre. On est donc obligé de faire baisser la pression depuis la première chaudière jusqu'à la dernière.

Dans la plupart des appareils industriels à effets multiples (appareils de sucreries), la chute de température s'obtient en faisant le vide dans les chaudières : mais on conçoit qu'on peut aussi bien obtenir la différence de température en maintenant une pression élevée dans la chaudière la plus chaude.

Dans le cas où l'on travaille par le vide, on commence par extraire l'air de tout l'appareil, soit par une pompe en communication avec tous les compartiments, soit en remplissant chacun d'eux avec de la vapeur que condense ensuite le liquide à traiter : cela fait, on introduit la vapeur dans les serpentins de chauffe ou le corps tubulaire de la chaudière de tête, et l'appareil commence à fonctionner de lui-même.

On alimente la chaudière la plus chaude, et celle-ci fournit du liquide aux chaudières suivantes, grâce à la différence de pression existant entre chacune d'entre elles : mais l'extraction ne peut se faire qu'en mettant le dernier vase en communication avec un réservoir où l'on fait le vide.

Théoriquement, on peut donner aux diverses chaudières d'un appareil à effets multiples la même surface de chauffe, mais la pratique a montré que l'effet utile de la surface de chauffe décroît rapidement à mesure qu'on s'éloigne de la chaudière la plus chaude. Cette diminution provient de ce que le liquide devient de plus en plus visqueux à mesure qu'il se concentre et, par suite, circule de moins en moins rapidement au contact des parois des tubes. Il faut tenir compte également de ce que les incrus-. tations se forment surtout dans les dernières chaudières.

On compte généralement en sucrerie que, pour traiter par 24 heures 1 000 hectolitres de jus sucré ayant une densité égale à 1,05, par des vapeurs d'échappement à 106-110°, il faut une surface de chauffe de 150 mètres carrés, à savoir 38 mètres pour la première chaudière, 50 mètres pour la seconde, 62 mètres pour la troisième.

Ce jus contient 12 kilogrammes de sucre et de matières salines dans 88 kilogrammes d'eau, et se trouve transformé en un sirop renfermant 33 kilogrammes de sucre et matières salines dans 67 d'eau.

On avait donc à l'origine 92 400 kilogrammes d'eau et 12 600 kilogrammes de sucre et matières salines.

A la fin de l'opération il reste :

$$12\,600 \times \frac{67}{33} = 25\,885 \text{ kilogrammes d'eau.}$$

On vaporise donc

$$92\,400 - 25\,885 = 66\,515 \text{ kilogrammes d'eau.}$$

Ainsi un mètre carré de surface de chauffe permet de vaporiser 18,4 kilogrammes par heure.

Généralement la pression est de 62 à 65 centimètres de mercure dans le premier compartiment, correspondant à une température d'ébullition de 94 à 96° : dans le second, la pression est réduite à 35 centimètres de mercure, ce qui correspond à une température d'ébullition de 80° ; dans le troisième, la pression n'est guère plus que de 11 à 15 centimètres de mercure et la vapeur se dégage entre 54 et 60°.

Pour une surface de chauffe de 50 mètres carrés dans le second vase, la pompe à air doit engendrer 2,3 à 3,2 mètres cubes par minute.

D'après ces données pratiques, on peut calculer les dimensions d'un appareil fonctionnant au contraire sous pression et en fixer les dimensions quand on s'est donné d'avance la pression initiale et la pression finale de la vapeur.

TROISIÈME PARTIE

—

DISTILLATION D'UN MÉLANGE DE PLUSIEURS LIQUIDES

Généralités. — Les vapeurs dégagées par un mélange de deux ou plusieurs liquides ne suivent généralement pas la loi du mélange des gaz : c'est-à-dire qu'on ne peut déduire la composition de l'atmosphère de la connaissance des tensions maxima de divers liquides pour la température considérée.

Nous donnerons comme un exemple bien net de cette impossibilité le cas du mélange d'eau et d'alcool éthylique étudié par Wullner ([1]).

Ainsi la tension maxima du mélange ne peut se déduire de celles des composants à la même température. Tout au plus voit-on que pour

([1]) *Poggendorff's Annalen*, t. CXXIX, p. 353.

Température	Forces élastiques					$\dfrac{F_1}{F' + F''}$	$\dfrac{F_2}{F' + F''}$	$\dfrac{F_3}{F' + F''}$
	eau F	alcool F'	1 alcool 8 eau F_1	1 alcool 1 eau F_2	0,5 alcool 1 eau F_3			
11°,8	10mm,32	29mm,75	28mm,00	23mm,90	21mm,00	0,699	0,597	0,520
20, 5	17, 93	49, 05	46, 08	39, 26	35, 41	0,686	0,587	0,528
30, 4	32, 27	84, 10	79, 25	68, 76	62, 00	0,681	0,591	0.533
40, 0	54, 90	137, 00	130, 16	116, 75	103, 25	0,677	0,599	0,530
50, 5	94, 31	225, 00	216, 78	189, 86	173, 98	0,677	0,595	0,545
60, 3	151, 25	354, 68	342, 35	300, 75	277, 38	0,676	0,594	0,547
70, 0	234, 12	543, 10	526, 25	463, 55	376, 45	0,677	0,595	0,541
80, 4	360, 49	824, 86	800, 76	705, 67	642, 81	0,675	0,595	0,542
81, 7	380, 63	873, 81	849, 07	747, 73	682, 41	0,677	0,596	0,544
Moyerne.						0,681	0,594	0,537

chaque mélange déterminé, le rapport de la force élastique du mélange à la somme des forces élastiques des deux constituants a une valeur sensiblement constante, tout au moins quand les liquides sont en proportion à peu près égale. Dès qu'on s'éloigne de l'égalité, cette relation cesse rapidement d'être exacte.

On ne peut donc *a priori* dire à quelle température commencera à bouillir un mélange de deux liquides dont on connaît les points d'ébullition respectifs, ni quelle proportion de chacun d'eux existera dans le liquide distillé.

Résumons le peu qui est connu sur la question.

CHAPITRE PREMIER

—

DISTILLATION D'UN MÉLANGE
DE DEUX LIQUIDES
INSOLUBLES L'UN DANS L'AUTRE

Deux liquides insolubles l'un dans l'autre ne pouvant exercer aucune action réciproque, il est presque évident que la tension maxima du mélange sera égale à celle des constituants.

Par suite, l'ébullition du mélange doit se produire quand la somme des tensions de vapeur des deux liquides fait équilibre à la pression extérieure. Elle a donc lieu à une température inférieure à la température d'ébullition du corps le plus volatil, et l'écart entre la température d'ébullition de ce dernier et celle du mélange peut parfois être très grand,

D'autre part, on peut prévoir *a priori* la composition du liquide distillé.

En effet, appelant g et G les poids des deux liquides passant simultanément à la distillation; t et T, les tensions maxima des liquides à séparer et d et D, leurs densités de vapeurs, on a :

$$\frac{g}{G} = \frac{t.d}{T.D}$$

Comme les densités de vapeur sont proportionnelles aux poids moléculaires, m et M, cette relation peut s'écrire :

$$\frac{g}{G} = \frac{m.t}{M.T}.$$

D'après les expériences de Naumann [1] ces relations se vérifient très sensiblement. Il a étudié la distillation, sous l'action d'un courant de vapeur d'eau, de liquides insolubles dans l'eau, dans des conditions telles que le tube amenant la vapeur d'eau émergeât toujours au-dessus de la couche d'eau condensée. Il a publié les résultats suivants :

---

[1] NAUMANN. — *Berichte der Deut. Chem. Gesell.* 1877, p. 1421.

Liquides soumis à l'expérience	Formule	Poids spécifique	Températures			Pression extérieure	Rapports	
			d'ébullition du corps pur	du liquide mixte	de la vapeur		$\frac{g}{m} : \frac{G}{M}$	$\frac{t}{T}$
Benzine.	C⁶H⁶	c 8773	79°,5	68°,5	69°,1	742ᵐᵐ	0,41	0,42
Toluène.	C⁷H⁸	c 8657	108, 5	82, 4	84	752	1,27	1,26
Essence de térébenthine. .	C¹⁰H¹⁶	o 8827	160	93, 2	94, 8	745,5	6,6	5,83
Tétrachlorure de carbone .	CCl⁴	1,5990	76, 1	65, 7	66, 7	747	0,36	0,36
Nitrobenzine.	C⁶H⁵NO²	1,2060	208	98, 6	99	753	38,5	33,3
Bromure d'éthyle . . .	C¹²H⁵Br	1,4069	72	37	37	741	0,064	0,065
Benzoate d'éthyle . . .	C²H⁵C⁷H⁵O²	,0480	213	98, 7	99, 1	751	49,91	45,99
Naphtaline.	C¹⁰H⁸		218	97, 4	98, 8	750	39,98	36,44

On peut donc admettre, avec une erreur probable inférieure dans la majorité des cas à 0,1, que les tensions de vapeur entrant dans la formule sont les tensions propres à chaque corps considéré pour la température d'ébullition du mélange.

Ceci explique pourquoi un grand nombre de corps distillent si facilement dans un courant de vapeur d'eau : l'eau est, en effet, un corps dont le poids moléculaire est très léger, tandis que les vapeurs des autres corps sont ordinairement lourdes.

Cette observation présente une grande importance dans l'industrie de la distillation des goudrons : au début de l'opération, il y a en effet toujours dans les goudrons de l'eau et des liquides non miscibles avec elle. Aussi, bien qu'à 98° la naphtaline n'ait qu'une tension de 20 millimètres, tandis que celle de l'eau atteint 712 millimètres, il passe cependant à cette température relativement basse 8^{gr},9 de naphtaline pour 49^{gr},4 d'eau.

On comprend ainsi pourquoi les essais faits pour séparer les divers produits de la distillation du goudron en un grand nombre de fractions, dès la première opération, n'ont jamais réussi.

La formule précédente peut s'écrire :

$$g = ktm$$

K étant un coefficient à déterminer dans chaque cas.

Si ce coefficient reste constant, et si les tensions de corps différents varient en raison inverse de leurs poids moléculaires, le mélange de vapeurs demeurera inaltéré jusqu'à la disparition successive des corps les moins abondants, tant qu'il reste de l'eau. Ainsi Naumann a trouvé :

Nature des mélanges	Benzine	Eau
Eau et Benzine (*pression* 741,5, *température* 68,8) 1° Tube de dégagement courbé juste au-dessus du bouchon	100^{cc}	$8^{cc},4$
2° Tube de Linnsemann : 2 capsules en toile de platine, 1 boule, 2 capsules, 1 boule	100	8, 4

	Toluène	Eau
Eau et Toluène (*pression* 752,5, *température* 82,5) 1° Tube de dégagement court	100^{cc}	$21^{cc},1$ à $21^{cc},5$
2° Tube de Linnsemann .	100	21, 3

Des séries homologues sont très difficiles à séparer par distillation fractionnée, car, tandis que la tension de vapeur diminue avec chaque addition de CH^2, le poids moléculaire s'élève.

Il est à noter que, tant qu'il y a de l'eau, la rectification est inutile, et ne peut rien changer.

Par contre, si l'on diminue la pression, la différence entre les tensions de vapeur de liquides différents augmente, tandis que les poids moléculaires restent constants : les corps peuvent dès lors se séparer plus facilement. Ceci explique les heureux effets qui résultent de l'emploi des exhausteurs dans la fabrication du gaz et la distillation des goudrons.

En règle générale, on connaîtra la température d'ébullition d'un mélange de deux liquides non miscibles pour une pression déterminée, en additionnant les tensions propres à chaque liquide pour chaque température, et cherchant à quelle température la somme est égale à la pression donnée : cela fait la relation :

$$\frac{g}{G} = \frac{mt}{MT}$$

donnera la proportion relative de deux corps passant à la distillation.

Notons enfin que *la température d'ébullition et la composition du liquide distillé sont indé-*

*pendantes des proportions relatives des deux
corps dans le mélange liquide.*

Elles restent constantes jusqu'à élimination
complète du corps qui disparaît le premier : la
température finale dépendra donc de la plus ou
moins grande abondance d'un des corps : celui
qui restera en dernier lieu sera tantôt l'un, tantôt l'autre. Par exemple, un mélange de 100 volumes de benzine et 8,4 d'eau passera intégralement, sans altération, sous la pression de $741^{mm},5$
à la temrature de $68°,8$.

Si l'on a mis à distiller 100 volumes de benzine
et 15 d'eau, on aura un produit distillé contenant 100 volumes de benzine et 8,4 d'eau, tant
qu'il restera de la benzine et la température restera pèndant ce temps fixe à $68°,8$. Puis la température montera brusquement à 100° et l'on ne
recueillera plus que de l'eau. Inversement, si
l'on distille 110 volumes de benzine et 8,4 d'eau,
la température finale sera $79°,5$ sous la pression
de 747^{mm}, et le résidu sera de la benzine pure.

De même, si l'on distille un mélange de
benzoate d'éthyle et d'eau, le point d'ébullition
sera $98°,7$, et il passera 580 parties d'eau pour
100 de benzoate, tant qu'il restera un mélange
des deux corps dans la cornue, puis la température se fixera à 100 ou à 213°, suivant que l'eau
ou le benzoate étaient en excès.

CHAPITRE II

—

DISTILLATION D'UN MÉLANGE
DE DEUX LIQUIDES
SOLUBLES L'UN DANS L'AUTRE

Dans un pareil mélange, la loi

$$\frac{g}{G} = \frac{mt}{MT}.$$

ne peut plus s'appliquer directement : comme le montre le tableau de la p. 108, la tension du mélange n'est plus égale à la somme des tensions maxima des deux corps isolés, et la solubilité réciproque de ces deux corps influe d'une façon absolue sur la composition de la vapeur émise par le mélange : non seulement la température d'ébullition, mais aussi les proportions relatives des deux corps modifient complètement la composition du liquide distillé.

Il faut donc fixer expérimentalement, dans chaque cas particulier, les constantes dont on a besoin.

Si l'on veut étudier la distillation de pareils mélanges sous diverses pressions, il devient essentiel de connaître comment varie la tension de ces mélanges en fonction de leur composition et de la température.

Trois cas peuvent se présenter :

1° La tension de vapeur du liquide mixte est comprise entre celle des deux constituants pour la même température.

2° Elle est supérieure à celle des deux constituants pour chaque température.

3° Elle est inférieure à celle des deux constituants pour chaque température.

Premier cas. La tension de vapeur du liquide mixte est comprise entre celle des deux constituants et se rapproche plus ou moins de leur moyenne.

Tel est le cas de mélanges d'eau et d'alcool méthylique :

On s'éloigne déjà sensiblement de ce cas avec les mélanges d'eau et d'alcool éthylique, d'eau et d'acide acétique, d'eau et d'acide propionique, etc.

Si l'on prend pour abscisses la proportion en

poids du corps mélangé à l'eau, pour ordonnées
la tension maxima du mélange, la courbe obtenue
pour l'acool méthylique se rapproche pour chaque température de la droite qui joint l'ordonnée
de l'eau pure à celle de l'alcool pur.

Dès lors on peut poser :

$$\frac{x}{y} = c \cdot \frac{\mathrm{P}}{\mathrm{P_1}}$$

relation dans laquelle x et y représentent les
proportions relatives des deux corps dans la
vapeur, P et P, leur proportion dans le liquide :

Cette relation peut se changer en :

$$\frac{d\xi}{dv} = c\,\frac{\xi}{v}$$

ξ et v représentant le poids des deux liquides restant dans le milieu à distiller.

Si nous appelons A et B leurs proportions cen-
tésimales initiales, nous obtiendrons la relation :

$$\frac{\mathrm{B}}{\mathrm{A}}\,y\,\Big\{c + (1-c)y\Big\}^{c-1} = c^c(1-x)^{c-1}(1-y)^c$$

où y représente la quantité du liquide le plus
volatile A dans chaque unité de poids du liquide
distillé, x étant le poids du liquide distillé.

Mais fort peu de corps se prêtent à cette relation simple.

Revenant à la représentation graphique indi-
quée ci-dessus, nous trouvons que les courbes
relatives à l'alcool éthylique sont toutes au-
dessus des droites figurant la moyenne des
tensions de l'eau et de l'alcool pour la même température, et d'autant plus au-dessus que la température est plus élevée : mais les ordonnées sont
toujours comprises entre les extrêmes : il n'y a
pas de maximum.

Il en est de même pour les courbes relatives à
l'acide acétique et à l'acide propionique ; ces deux
courbes présentent une chute croissante depuis la
tension de l'eau jusqu'à celle de l'acide pur, et l'inclinaison est d'autant plus grande que la température est plus élevée. Toutefois la convexité est
plus grande dans la courbe de l'acide propionique, et la tension de vapeur reste presque constante de o à 6o $°/_o$ d'acide.

. Appelons t, la tension du liquide mixte; p, le
taux pour 1oo en poids du liquide mélangé à l'eau,
et considérons un mélange caractérisé par la relation :

$$\frac{dt}{dp} > o.$$

Imaginons que nous maintenions ce mélange

à température constante dans un vase dont les parois mobiles transmettent la pression extérieure. Augmentons le cube de notre vase, il se formera de la vapeur, pour que celle-ci maintienne les parois en équilibre stable, il faut :

1° Qu'au début la pression extérieure fasse exactement équilibre à la tension des vapeurs.

2° Que pendant l'augmentation la tension ne devienne jamais plus grande que la pression extérieure : elle peut lui être égale ou inférieure.

Appelant t' et p', les valeurs prises par t et p après ce mouvement, nous aurons, puisque par hypothèse la courbe est ascendante

$$t \geqq t' \qquad \text{d'où} \qquad p \geqq p'.$$

Ou appelant A, le taux d'alcool ; E, le taux d'eau ; a et e, les quantités émises en vapeurs :

$$\frac{A}{E} \geqq \frac{A - a}{E - e}$$

d'où :

$$\frac{A}{E} \leqq \frac{a}{e}.$$

Le mélange va donc en s'appauvrissant et

d'autant plus vite que la courbe se rapproche plus de la verticale.

· Pour continuer la distillation sous la même ·pression, il faut que la température s'élève au fur et à mesure que le liquide perd de l'alcool (ou en général le corps qui domine dans les vapeurs). Le résidu de distillations répétées est, dans ce.cas, le liquide qui a la plus faible tension, tandis que le liquide de plus haute tension passe dans le distillat. Celui-ci ne peut d'ailleurs jamais être en hydre, puisque la vapeur de plus faible tension existe toujours dans le mélange.

· Comme exemple de ce cas, nous prendrons les mélanges d'eau et d'alcool éthylique : mais pour répondre aux besoins les plus usuels, nous donnerons les compositions en volume à côté des compositions en poids.

Cette table est établie pour le cas où la vapeur ne subit aucune condensation le long des parois (¹), aussi diffère-t-elle notablement de la table de Grœning. Elle se trouve p. 82 à 85 colonnes 1, 2, 6, 7, 8.

On voit que, dans les titres moyens, la richesse

(¹) SOREL. — *Comptes rendus de l'Académie des Sciences*, 27 mars 1892.

de la vapeur croît en progression arithmétique comme la richesse du liquide, mais il n'en est pas ainsi pour les titres élevés ni surtout pour les titres faibles.

Si le mélange est caractérisé par la relation :

$$\frac{dt}{dp} < 0$$

ce qui est le cas des mélanges d'eau avec les acides acétique, propionique, etc., le même raisonnement montre que l'on a :

$$\frac{A}{E} > \frac{a}{e}$$

Le résidu va donc en s'enrichissant, et le résultat de distillations répétées est que l'acide reste dans le résidu final.

2° Cas. *La tension de vapeur du mélange est supérieure à celle de chacun des constituants à la même température.* — Ce cas s'observe par exemple pour les mélanges d'eau avec l'alcool propylique, l'alcool isobutylique, l'alcool butylique, etc., d'alcool avec le sulfure de carbone, d'alcool éthylique ou méthylique avec le cyanure de méthyle, etc.

Ces mélanges présentent forcément un maxi-

mum de tension, et, au voisinage de ce maximum, la courbe représentant la variation de la
tension en fonction de la composition présente
une partie horizontale plus ou moins longue.

Dans toute cette partie on a : $\dfrac{dt}{dp} = 0$, d'où
l'on déduit : $\dfrac{A}{E} = \dfrac{\alpha}{e}$.

La vapeur a donc la même composition que
le liquide : autrement dit ce dernier se comporte, en apparence, comme un composé défini qui passerait intégralement à la distillation.

Pour les compositions, auxquelles ne correspond pas la partie horizontale de la courbe, on
tombe dans un des deux cas précédents : si
le liquide mixte est tel que l'on tombe dans
la branche ascendante, le liquide s'appauvrit
en l'un des deux éléments ; si l'on tombe
sur la branche descendante il s'appauvrit en
l'autre.

On arrive donc forcément, en réitérant les distillations sur les premières parties recueillies à
chaque distillation, à obtenir un mélange de composition constante, bouillant à la plus basse température possible, et le résidu finit par ne con-
tenir qu'un seul des deux liquides : la nature de
celui-ci dépend des rapports initiaux.

Ainsi, un mélange de 77 parties d'alcool propylique et de 23 parties d'eau passe intégralement à la distillation sous la pression ordinaire.

Un mélange de 70 parties d'alcool propylique et de 30 d'eau laisse un résidu d'eau pure.

Un mélange de 85 parties d'alcool propylique et de 15 d'eau laisse un résidu d'alcool propylique.

De même, le mélange d'eau et d'acide butyrique contenant 25 % d'acide présente un point d'ébullition constant et passe sans changement de composition.

Il en est également ainsi pour le mélange de 91 parties d'alcool ordinaire et de 9 de sulfure de carbone et ainsi de suite.

Pour l'alcool isobutylique, déjà peu soluble dans l'eau, et capable de donner un mélange qui se trouble à chaud, la partie moyenne de la courbe est une horizontale, et les extrémités s'inclinent rapidement vers les ordonnées extrêmes. L'ordonnée du maximum est fort peu inférieure à la somme des ordonnées extrêmes.

L'alcool isobutylique établit donc un trait de rapprochement entre le cas que nous étudions et celui des liquides insolubles l'un dans l'autre.

3° Cas. *La tension de vapeur du mélange est inférieure à celle de chacun des constituants.* — Au lieu de passer par un maximum comme dans le second cas, elle présente un minimum. Le raisonnement fait ci-dessus s'applique encore, et le mélange auquel correspond ce minimum passe sans modification et à température constante, température qui, cette fois, est maxima.

L'acide formique présente un exemple de cette singularité.

Un mélange de 77,5 parties d'acide formique et de 22,5 d'eau passe intégralement à la distillation à la température de 107°,1 (Roscoë). Ce mélange sera le résidu final de distillations répétées dans lesquelles on a recueilli successivement tous les résidus, tandis que dans le 2° cas on devrait traiter les premières parties distillées. L'un ou l'autre des constituants s'accumulera dans les premières parties distillées suivant la composition du mélange primitif.

Ainsi un mélange de 70 parties d'acide formique et de 30 d'eau donnera d'abord un liquide très aqueux.

Un mélange de 85 parties d'acide formique et de 15 d'eau donnera un liquide beaucoup plus acide que la partie passant ensuite à 107°,1.

L'étude de ces deux cas montre que la cons-

tante de la température d'ébullition sous une
pression donnée n'est pas une preuve de la pureté d'un corps.

De même que dans le cas des liquides insolubles l'un dans l'autre, nous voyons qu'ici encore la rectification ne peut donner d'autre résultat que d'isoler un mélange défini d'avec
l'excès de l'un ou de l'autre des constituants.

En faisant distiller de tels mélanges sous une
pression moindre ou plus élevée, on déplacera
généralement le maximum ou le minimum de
tension, et on pourra extraire de mélanges passant sans altération à une pression donnée une
certaine quantité d'un des constituants : mais on
retombera sur une nouvelle liqueur présentant
le même caractère. On ne pourra donc arriver à
isoler partiellement un des constituants qu'en
opérant à des pressions successivement décroissantes; mais il restera toujours un résidu non
traitable par cette méthode.

En d'autres termes, quand on tombe sur
des mélanges capables de fournir un produit
mixte passant à température constante sous une
pression donnée, on ne peut séparer les corps
qu'en modifiant la tension de l'un d'eux par
son introduction dans une nouvelle forme chimique.

Distillation de mélanges ternaires de corps solubles les uns dans les autres. — Dans ce qui précède, nous avons vu que la solubilité réciproque de deux corps joue le principal rôle dans la détermination de la composition des vapeurs dégagées par le mélange.

Il en sera *a fortiori* de même si, à un mélange de deux corps solubles l'un dans l'autre, on ajoute une certaine quantité d'un troisième corps soluble dans le mélange.

Si nous appelons σ, le poids de ce troisième corps contenu dans un kilogramme des vapeurs produites; s, le poids contenu dans un kilogram^{me} du liquide en expérience nous pourrons toujours trouver entre ρ et s une relation empirique de la forme :

$$\sigma = ks + k's^2 + k''s^3 + \ldots$$

et, si la valeur de s est suffisamment petite, ce qui est souvent le cas lorsqu'il s'agit de la rectification des alcools, on peut poser approximativement :

$$\sigma = ks.$$

Dans des études sur la rectification de l'alcool, l'auteur a été amené à étudier ce qui a trait à la distillation simultanée d'un mélange d'eau et d'alcool éthylique à des titres divers avec des quantités ne dépassant pas 2 $\%$ d'alcool isoamylique de fermentation, et de différents éthers de la série grasse.

Il a obtenu les valeurs suivantes p de K.

Degrès Gay-Lussac de l'alcool employé	Corps ajoutés							
	Alcool amylique de fermentation	Formiate d'éthyle	Acétate de méthyle	Acétate d'éthyle	Isobutyrate d'éthyle	Iso-valérate d'éthyle	Acétate d'isoamyle	Isovalérate d'isoamyle
95	0,23	5,1	3,8	2,1	0,95	0,8	0,55	0,30
90	0,30	5,8	4,1	2,4	1,1	0,9	0,6	0,35
85	0,32	6,5	4,3	2,7	1,2	1,1	0,7	0,40
80	0,34	7,2	4,6	2,9	1,4	1,3	0,8	0,50
75	0,44	7,8	5,0	3,2	1,8	1,5	0,9	0,65
70	0,54	8,5	5,4	3,6	2,3	1,7	1,1	0,82
65	0,65	9,4	5,9	3,9	2,9	1,9	1,4	1,05
60	0,80	10,4	6,4	4,3	4,2	2,3	1,7	1,30
55	0,98	12,0	7,0	4,9			2,2	
50	1,20		7,9	5,8			2,8	
45	1,50		9,0	7,1			3,5	
40	1,92		10,5	8,6				
35	2.45		12,5	10,5				
30	3,00			12,6				
25	5,55			15,2				
20				18,0				
15				21,5				
10				29,0				
Température d'ébullition du corps ajouté	132	54,3	56	77,1	110,1	134,3	137,6	196

On voit qu'on est bien loin de suivre la loi si
simple observée dans le cas des corps insolubles
l'un dans l'autre (voir p. 115).

Prenons en effet le formiate d'éthyle et l'acétate de méthyle, d'une part, l'isovalérate d'éthyle
et l'acétate d'isoamyle de l'autre, les deux corps
de chaque groupe ont le même poids moléculaire, et sensiblement la même température
d'ébullition ; par suite, ils doivent avoir sensiblement la même tension à la même température. Si donc, ils étaient insolubles dans le mélange eau et alcool, il en passerait des quantités
égales. Or, l'expérience montre qu'il est loin d'en
être ainsi ; nous trouvons en effet :

Alcool employé	Rapport de Formiate d'éthyle à Acétate de méthyle.	Rapport de Isovalérate d'éthyle à Acétate d'isoamyle
95°	1,37	1,45
90	1,41	1,50
85	1,51	1,57
80	1,56	1,62
75	1,56	1,54
70	1,57	1,37
65	1,59	1,35
60	1,62	

Les deux derniers corps ne sont pas solubles
dans les mélanges peu alcooliques : il y a donc lieu

d'attribuer à ce fait la diminution progressive du rapport à mesure que le titre alcoolique baisse; car une fois à l'état insoluble dans le mélange, les deux corps devraient passer sensiblement dans la même proportion.

En tout cas, nous constatons que lorsque le taux d'alcool diminue, ce qui fait diminuer également la solubilité du corps étudié dans le mélange alcoolique, la valeur de K augmente rapidement.

CHAPITRE III

—

DISTILLATION DE LIQUIDES PARTIELLEMENT SOLUBLES L'UN DANS L'AUTRE

1. Considérons d'abord deux corps partiellement solubles l'un dans l'autre, et supposons qu'on en emploie des quantités telles que la solubilité réciproque soit dépassée. — Il se formera deux couches de liquide superposées, dont la composition sera absolument fixe pour une température donnée.

Il est clair, par suite, que la composition de chaque couche est indépendante dela quantité absolue des deux couches.

D'autre part, la tension de vapeur, à température constante, ne dépend absolument que de la couche supérieure. Elle restera donc invariable, si nous soutirons une quantité quelconque dela couche inférieure, quantité qui peut être la totalité, ou si nous y ajoutons une quantité quelconque d'un mélange identique.

Si donc on appelle comme ci-dessus A et E, les quantités initiales des deux liquides dans la couche inférieure et n, le rapport $\frac{A}{E}$, la tension de vapeur ne variera pas si on ajoute à A la quantité nx du liquide A, à E la quantité x du liquide E. Elle ne change donc pas si nous faisons passer le rapport des poids des constituants depuis $\frac{A}{E}$ jusqu'à $\frac{A + nx}{E + x}$ quel que soit x. Elle ne changera donc pas si on passe de $\frac{A}{E}$ à $\frac{n}{1}$.

De même, si on appelle m le rapport $\frac{A_1}{E_1}$ dans la couche supérieure, nous ne changerons rien si nous faisons passer ce rapport de $\frac{A_1}{E_1}$ à $\frac{m}{1}$ quel que soit le rapport initial $\frac{A_1}{E_1}$.

Comme celui-ci peut être égal à $\frac{A}{E}$, on peut donc faire varier le rapport de $\frac{n}{1}$ à $\frac{m}{1}$ sans que la tension change.

Or, ces deux fractions représentent les coefficients réciproques de solubilité des deux liquides, l'un dans l'autre, par suite les deux couches doivent avoir la même tension maxima.

Konowalow à qui on doit cette remarque l'a vérifiée sur plusieurs mélanges à la température ordinaire.

Eau et éther ; température 19°,8

Couche supérieure $\begin{cases} 1 \text{ eau} \\ 33 \text{ éther} \end{cases}$ tension maxima 432^{mm},2.

Couche inférieure $\begin{cases} 1 \text{ eau} \\ 0,1 \text{ éther} \end{cases}$ tension maximum 430^{mm},1.

Éther, alcool méthylique, eau ; température 15°,6
Couche supérieure, tension 359^{mm},1.
  //   inférieure,   //   358, 5.

Éther, alcool éthylique, eau ; température 18°,8
Couche supérieure, tension 366^{mm},8.
  //   inférieure,   //   365, 0.

Éther, alcool propylique, eau ; température 15°,7
Couche supérieure, tension 243^{mm},3.
  //   inférieure,   //   244, 2.

Sulfure de carbone, alcool méthylique, eau ;
température 16°,9
Couche supérieure, tension 327^{mm}.
  //   inférieure,   //   328.

Alcool méthylique, eau, potasse ; température 18°,2
Couche supérieure, tension 59^{mm},8.
  //   inférieure,   //   59, 6.

Alcool éthylique, eau, potasse ; température 16°,7
Couche supérieure, tension 32^{mm},35.
  //   inférieure,   //   32, 5.

Par suite, entre les limites $\frac{m}{1}$ et $\frac{n}{1}$ des deux constituants, la tension de vapeur à température

constante, est indépendante des quantités absolues des deux liquides : les deux couches ont la
même tension : la température d'ébullition et la
composition du liquide distillé restent donc
constantes jusqu'à ce qu'une des deux couches
ait disparu, et la température d'ébullition est en
général inférieure à celle de chaque constituant,
comme dans le cas de liquides non miscibles.

2. **Distillation d'un mélange ternaire
contenant de l'eau et deux liquides miscibles entre eux, mais non avec l'eau.** — Il
est clair que la tension de vapeur des deux couches doit encore être égale, mais au lieu qu'elle
reste constante, comme dans le cas précédent,
jusqu'à la disparition d'une des deux couches, sa
valeur absolue varie au fur et à mesure que
la distillation s'avance. Elle dépend des rapports des poids des liquides dans les deux couches.

En effet, il n'est en général pas possible de
diviser les quantités A, B, C des trois liquides en
six parties telles que les quotients $n = \dfrac{A - a}{b}$,

$$n' = \frac{A - a}{c}, \quad m = \frac{-}{a}, \quad m' = \frac{B - b}{c},$$

$$p = \frac{C - c}{a}, \quad p' = \frac{C - c}{b} \text{ restent tous constants}$$

pour une valeur quelconque de A, B et C.

Ces quotients varieront généralement pendant le cours de la distillation, et par suite la température d'ébullition ne sera pas constante. Elle sera, en général, comprise entre les températures d'ébullition des mélanges binaires que l'eau peut former avec chacun des deux autres liquides.

De même, la relation de l'eau distillée avec chacun des deux autres corps qui distillent est comprise entre les relations qui correspondent aux deux corps binaires.

Si l'on appelle

T, la température d'ébullition du mélange binaire eau + A ;

T' la température d'ébullition du mélange binaire eau + B ;

θ, la témpérature d'ébullition du mélange ternaire ;

Q et Q', les volumes des liquides A et B dans le mélange ternaire, on aura fort approximativement :

$$\theta = T - (T - T') \frac{Q'}{Q + Q'}$$

et d'où :

$$\frac{Q'}{Q} = \frac{T - \theta}{\theta - T'}.$$

Nous sommes donc en présence d'un cas où la

séparation par distillation est encore impossible, puisqu'on trouvera toujours une valeur pour le rapport $\frac{Q'}{Q}$ correspondant à toute valeur de θ comprise entre T et T'.

Il peut même arriver que le rapport $\frac{Q'}{Q}$ et par suite θ restent sensiblement constants. C'est ainsi que I. Pierre et Puchot ont montré qu'un mélange intime d'eau, d'alcool éthylique, d'alcool propylique, d'alcool butylique et d'alcool amylique peut distiller presque sans modification dès que la température d'ébullition atteint 85°.

Résumé de ces deux chapitres. — La distillation répétée ne peut séparer deux corps l'un de l'autre que si la courbe des tensions de mélange, pour une température déterminée, ne présente ni maximum ni minimum.

Dans le cas contraire, la distillation répétée n'aboutit qu'à la production d'un ou plusieurs mélanges définis bouillant à température constante sous pression constante.

La constance du point d'ébullition sous pression constante n'est donc ni un criterium de la pureté d'un corps, ni une preuve qu'il constitue une combinaison définie.

La distillation sous différentes pressions de

plus en plus réduites permet de pousser plus loin la séparation d'un des constituants, mais ne permet pas d'atteindre une séparation complète.

L'élimination d'un des constituants par un procédé chimique est souvent la condition nécessaire des séparations par distillation.

CHAPITRE IV

—

ÉPUISEMENT PAR DISTILLATION
D'UN MÉLANGE DE DEUX LIQUIDES

Considérons un mélange de deux liquides tels que l'un d'eux puisse être extrait complètement par distillation.

Il est souvent intéressant de prévoir quel volume il faudra distiller pour avoir extrait ce liquide.

Il y a des cas où la détermination est assez facile.

C'est ainsi qu'en distillant dans une cornue dont la panse rayonnait librement des mélanges d'eau et des premiers alcools de la série grasse, M. Duclaux a trouvé qu'en appelant a et c, les volumes respectifs d'eau et d'alcool contenus dans le mélange bouillant, on a la relation :

$$\frac{da}{de} = m \frac{a}{a + e}$$

tant que le titre alcoolique est inférieur à une limite déterminée.

Il est fort probable que cette relation et les valeurs de m ci-dessous ne se vérifient que dans des conditions très voisines de celles où a opéré M. Duclaux.

En tout cas, il a trouvé pour m les valeurs suivantes :

10,9 pour l'alcool méthylique, jusqu'à ce que le liquide traité titre 30 % : le liquide distillé titre alors 96-97. % et l'ébullition se produit à 75° ;

15,4 pour l'alcool éthylique, jusqu'à ce que le liquide traité titre 25 % : le liquide distillé titre alors 80 % et l'ébullition se produit à 87°.

20,9 pour l'alcool propylique, jusqu'à ce que le liquide traité titre 10 % : le liquide distillé titre alors 70 % et bout à 87°,5 ;

41,5 pour l'alcool butylique, jusqu'à ce que le liquide traité titre 4 % : le liquide distillé titre alors 61 % (Pour de plus grandes richesses, on obtient un liquide de composition constante titrant 71 % et passant à 90°,5) ;

49,6 pour l'alcool amylique, jusqu'à ce que le liquide traité titre 1,6 % (Pour de plus grandes richesses, on obtient un liquide de composition constante titrant 56 % et passant à 93°);

61 pour l'alcool caprylique pour des richesses inférieures à $\frac{1}{400}$ (Pour de plus grandes richesses, on obtient un liquide de composition constante titrant 27 °/₀ et passant à 98°).

Pour l'acide formique, M. Duclaux a trouvé une relation différente.:

$$\frac{da}{de} = m' \, \frac{a}{e} \cdot$$

L'acide acétique suit la même loi quand il est très étendu : pour une concentration plus grande, on retrouve la loi des alcools.

Considérons donc un liquide suivant cette relation simple :

$$\frac{da}{de} = m \, \frac{a}{a + e}$$

et posons

$$a + e = V \qquad \frac{a}{V} = \varphi$$

appelons, d'autre part, V_0 et φ_0 les valeurs initiales de V et de φ.

La formule devient :

$$\frac{\varphi dV + V d\varphi}{dV - (\varphi dV + V d\varphi)} = m\varphi$$

d'où l'on déduit :

$$\mathrm{Log.} \, \frac{V}{V_0} =$$

$$= \frac{1}{m-1} \left[m.\mathrm{Log.} \, \frac{m(1-\varphi_0)-1}{m(1-\varphi)-1} + \mathrm{log.} \, \frac{\varphi}{\varphi_0} \right],$$

relation qui donne la valeur du résidu de la distillation V en fonction des données m, V_0, φ_0 et
de la richesse du résidu.

Appliquons cette formule à quelques cas :

Valeurs de $\dfrac{V}{V_0}$ en fonction de φ_0, de m, et
de $\dfrac{\varphi}{\varphi_0}$.

Le taux $^0/_0$ de la perte est $100 \dfrac{V\varphi}{V_0\varphi_0}$. Il se déduit donc facilement du tableau ci-après (p. 143).

On voit, par exemple, que si l'on distille trois
mélanges d'eau et d'alcool ordinaire, dans une
cornue spacieuse, comme l'a fait M. Duclaux
(dans ce cas la valeur de m est sensiblement
15), le premier mélange contenant 5 $^0/_0$ d'alcool
en volume, le second 10 $^0/_0$ et le troisième 25 $^0/_0$,
il faudra, pour avoir une perte inférieure à
0,05 $^0/_0$, vaporiser un peu plus de 40 $^0/_0$ du premier liquide, 47 $^0/_0$ du second et 58 $^0/_0$ du troisième. Si l'on veut, dans une analyse, avoir
une perte inférieure à 0,005 $^0/_0$, c'est-à-dire
absolument négligeable, il faut vaporiser 50 $^0/_0$
du premier, 55 $^0/_0$ du second, 64 $^0/_0$ du troisième.

Voici d'ailleurs quelques chiffres tirés du travail de M. Duclaux :

φ_0	$m = 5$			$m = 10$			$m = 15$			$m = 20$		
	$\varepsilon=\frac{p}{P}=0{,}01$	$\varepsilon=\frac{p}{P}=0{,}001$	$\varepsilon=\frac{p}{P}=0{,}0001$	$\varepsilon=\frac{p}{P}=0{,}01$	$\varepsilon=\frac{p}{P}=0{,}001$	$\varepsilon=\frac{p}{P}=0{,}0001$	$\varepsilon=\frac{p}{P}=0{,}01$	$\varepsilon=\frac{p}{P}=0{,}001$	$\varepsilon=\frac{p}{P}=0{,}0001$	$\varepsilon=\frac{p}{P}=0{,}01$	$\varepsilon=\frac{p}{P}=0{,}001$	$\varepsilon=\frac{p}{P}=0{,}0001$
2,5%	0,313	0,176	0,099	0,582	0,450	0,348	0,699	0,593	0,503	0,773	0,689	0,614
5,0	0,311	0,175	0,098	0,562	0,435	0,337	0,681	0,578	0,490	0,751	0,670	0,598
7,5	0,280	0,157	0,088	0,544	0,421	0,326	0,658	0,558	0,473	0,731	0,652	0,581
10	0,267	0,145	0,084	0,526	0,407	0,315	0,637	0,535	0,459	0,711	0,633	0,564
15	0,244	0,137	0,077	0,489	0,379	0,293	0,603	0,512	0,434	0,678	0,604	0,538
20	0,221	0,124	0,070	0,453	0,351	0,272	0,558	0,462	0,401	0,641	0,571	0,509
25	0,200	0,112	0,063	0,417	0,323	0,250	0,501	0,425	0 361	0,603	0,537	0,479

TAUX $^0/_0$ RECUEILLIS DANS CHAQUE DIXIÈME SUCCESSIF
DU PRODUIT DISTILLÉ

1° Alcool méthylique

Dixièmes recueillis	Titre initial en volume					
	5 $^0/_0$	10 $^0/_0$	20 $^0/_0$	34 $^0/_0$	45 $^0/_0$	60 $^0/_0$
1	54 $^0/_0$	51 $^0/_0$	30 $^0/_0$	25 $^0/_0$	20,5 $^0/_0$	14,9 $^0/_0$
2	26	27	29	25	19,5	14,9
3	12	14,5	10	20	19	14,5
4	6	3,0	3,5	17	17	14,2
5	2	1,5	1,5	8,5	13,5	13,6
6		0,5	1,0	3	6,0	12,4
7		0,5	0,5	1	1,7	9,9
8			0,5	0,5	0,6	4,7
9					0,2	0,5
10						0,4
	100	100	100	100	100	100

Prenons comme autre exemple, la seconde relation observée par M. Duclaux, à savoir :

$$\frac{da}{de} = m\,\frac{a}{e}$$

nous en déduirons la relation :

$$\frac{\varphi}{\varphi_0} \times \left(\frac{1-\varphi}{1-\varphi_0}\right)^m = \left(\frac{V}{V_0}\right)^{m-1} .$$

Enfin d'autres corps, comme l'ammoniaque

TAUX $^0/_0$ RECUEILLIS DANS CHAQUE DIXIÈME SUCCESSIF
DU PRODUIT DISTILLÉ

2° *Alcool éthylique*

Dixièmes recueillis	Titre initial en volume							
	2 $^0/_0$	5 $^0/_0$	10 $^0/_0$	15 $^0/_0$	20 $^0/_0$	30 $^0/_0$	40 $^0/_0$	50 $^0/_0$
I	77 $^0/_0$	68 $^0/_0$	56 $^0/_0$	47 $^0/_0$	37 $^0/_0$	29 $^0/_0$	22 $^0/_0$	18 $^0/_0$
2	20	26,5	32	35	33	27	21,5	18
3	2	5	9	14	22,5	23	20,5	18
4	1	0,5	1,5	3.	6	15,5	19	17,5
5			1	0,5	0,5	4,5	14	16,0
6			0,5	0,5	0,5	0,7	2	11,0
7					0,5	0,3	0,6	1,0
8							0,4	0,3
9								0,2
10								
	100	100	100	100	100	100	100	100

en dissolution dans l'eau, suivent une autre loi :

$$\frac{da}{da + de} = m \frac{a}{a + e}$$

c'est-à-dire que le taux d'ammoniaque dans les vapeurs est proportionnel au taux dans le liquide bouillant : on en déduit facilement :

$$\frac{a}{a_0} = \left(\frac{V}{V_0}\right)^{m-1}$$

c'est-à-dire que lorsque le volume du liquide
décroît en progression arithmétique, le taux
d'ammoniaque y décroît en progression géométrique ; comme $m = 15$ pour le cas de l'ammoniaque, la décroissance est très rapide. On trouve
en effet :

$$\text{pour } \frac{V}{V_0} = 0,99 \qquad \frac{S}{S_0} = 0,87$$

$\frac{V}{V_0}$	$\frac{S}{S_0}$
0,97	0,65
0,95	0,49
0,90	0,18
0,80	0,044
0,70	0,007
0,60	0,0008
0,50	0,00006
0,40	0,000003

Ces quelques exemples montrent quelle importance il y a souvent à connaître la relation
existant entre la composition d'un liquide et
celle des vapeurs.

Voici comment on peut faire cette détermination ([1]) :

Une grande cornue en verre ou en métal est
entièrement immergée dans un bain formé par
un liquide dont le point d'ébullition est plus
élevé que celui du liquide le moins volatil

([1]) SOREL. — *Comptes rendus de l'Académie des
Sciences*, 2? mars 1893.

contenu dans le mélange à étudier. On porte
à l'ébullition et on recueille successivement
par lots séparés chaque dixième ou chaque
vingtième. De la composition du mélange initial
et de celle de chaque lot successif, on déduit la
composition du liquide restant. Portant sur l'axe
des abscisses les volumes distillés, sur celui des
ordonnées la richesse du liquide restant, on a la
courbe d'épuisement du liquide en expérience.

On réitère l'expérience en partant de diverses
compositions initiales, et on a ainsi une série de
courbes d'épuisement.

Ceci posé, appelons comme ci-dessus V, le
volume restant au moment considéré ; a, le taux
$^0/_0$ du corps étudié dans le mélange ; U, ce
taux $^0/_0$ dans le liquide qui distille, il est clair
qu'on a à chaque instant :

$$Va = (V - dV)(a - da) + dVU$$

d'où :

$$U = a + V \frac{da}{dV}.$$

La valeur de U se déduit donc immédiatement
de la courbe d'épuisement par la mesure du
coefficient angulaire de la tangente et autant on
a de courbes d'épuisement, autant on a de véri-
fications :

Exemple : titre de l'alcool éthylique 10° G. L.

$V = 0,797$	$\dfrac{da}{dV} = 5,15$	$V\dfrac{da}{dV} = 0,4095$	$U = 0,5095$
$0,648$	$6,36$	$0,4120$	$0,5120$
$0,474$	$8,62$	$0,4085$	$0,5085$
		Moyenne. . .	$0,5100$

Le plus souvent on ne peut traduire par une formule simple, comme dans les exemples précédents, la relation entre la richesse de la vapeur et celle du liquide. Toutefois, on peut encore déterminer comment se fait l'épuisement par distillation simple quand on connaît la relation empirique qui lie la composition de la vapeur et celle du liquide.

Pour ne pas avoir à tenir compte des contractions qui résultent souvent du mélange de deux liquides, nous opérerons sur des poids de liquides et de vapeur et non plus sur leurs volumes.

Appelons donc p, le poids du mélange des deux liquides au moment considéré ; t, le taux $^0/_0$ en poids du liquide à extraire ; U, son taux $^0/_0$ en poids dans la vapeur.

En poursuivant la distillation pendant un temps infiniment petit, nous extrayons un poids dp, et nous avons l'identité :

$$ pt + dp \left(U - \frac{dV}{2} \right) + (p - dp)(t - dt) $$

d'où, en négligeant les différentielles du second ordre :

$$\mathrm{U}dp - tdp = pdt$$

$$\frac{dp}{p} = \frac{dt}{\mathrm{U} - t}$$

d'où enfin :

$$\text{Log. nép. } \frac{p}{1000} = - \int_{t}^{\mathrm{T}} \frac{dt}{\mathrm{U} - t}$$

relation donc laquelle T est le taux $^{0}/_{0}$ en poids du liquide à extraire dans le mélange initial pris pour 1000.

On obtient dans la valeur en poids des résidus de la distillation quand on connaît la quadrature de la courbe ayant pour abscisses les valeurs de t et pour ordonnées les valeurs correspondantes de $\frac{1}{\mathrm{U} - t}$.

La courbe en trait plein (*fig.* 1) donne le type de la courbe pour ce qui regarde l'alcool éthylique, dans le cas où la vapeur dégagée par le liquide est complètement à l'abri de toute condensation.

Il est clair que si la surface de l'appareil distillatoire exposée au refroidissement est grande vis-à-vis du volume de liquide à distiller, il y aura condensation d'une partie des vapeurs, et celles qui échapperont à la condensation se trouveront enrichies : la courbe en pointillé de la même figure montre ce que devient la loi quand

Fig. 1

Valeurs de $\dfrac{1}{U-T}$

Pour le cas de l'alcool éthylique.

_____ d'après la table de Sorel

---------- »   » de Gröning

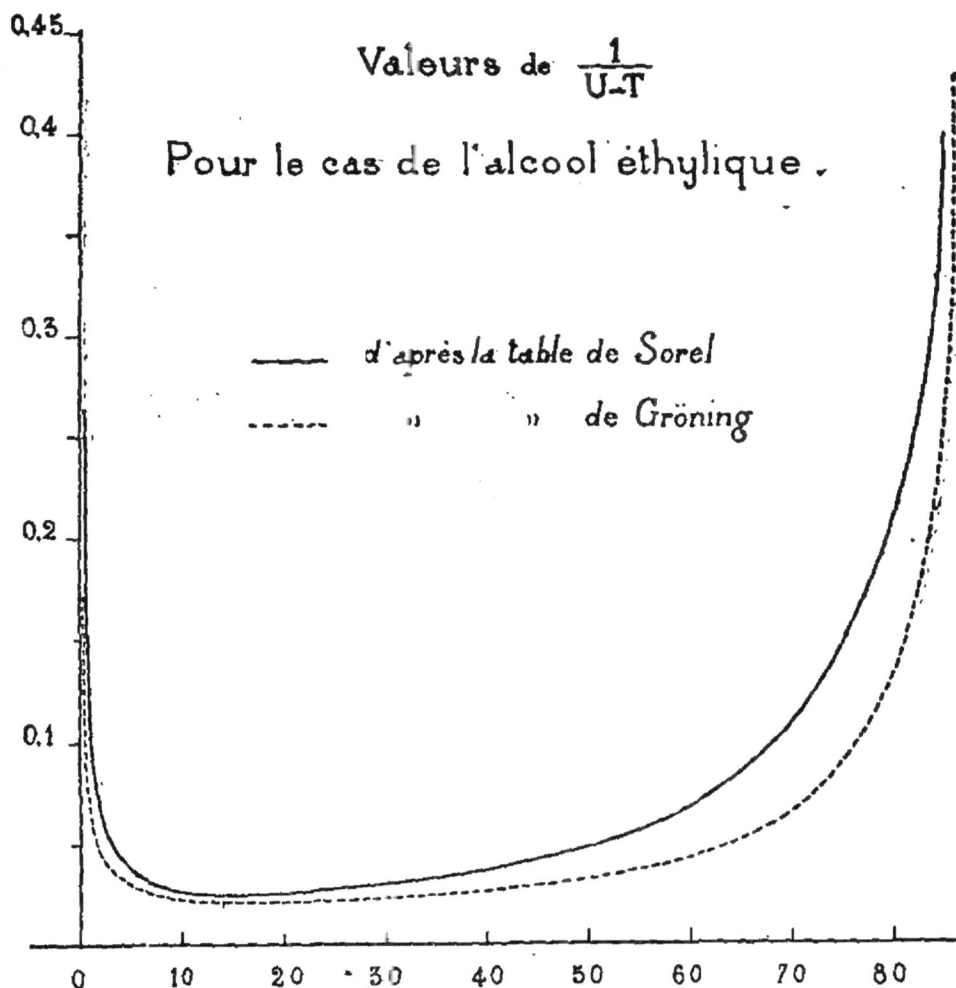

on se sert de la table de Gröning, établie dans ces conditions.

On voit à l'inspection des deux courbes que le

refroidissement des parois diminue d'une façon
énorme la quantité de liquide à recueillir pour
abaisser le degré dans la chaudière d'une quantité donnée. En d'autres termes, un petit alambic
donne, toutes choses égales d'ailleurs, un alcool
plus concentré qu'un gros alambic de même
forme. Ou encore, on comprend qu'en poussant
très lentement le feu, on peut obtenir de premier
jet de l'alcool relativement concentré.

CHAPITRE V

—

VARIATION DE COMPOSITION D'UN MÉLANGE DE TROIS LIQUIDES

Nous avons vu que si un corps liquide est dissous dans un mélange de deux autres, il y a une relation simple entre la teneur s dans le mélange et la teneur σ dans la vapeur, pour chaque richesse du mélange dissolvant, et qu'on peut poser :

$$\sigma = \mathrm{K}s.$$

Appelons comme ci-dessus p, le poids du liquide à un moment de la distillation une quantité dp, la richesse en matière dissoute diminuera de ds et nous aurons évidemment :

$$ps = (p - dp)(s - ds) + \mathrm{K}dp\left(s - \frac{ds}{2}\right)$$

d'où :

$$(\mathrm{K} - 1)sdp = pds$$

Fig. 2

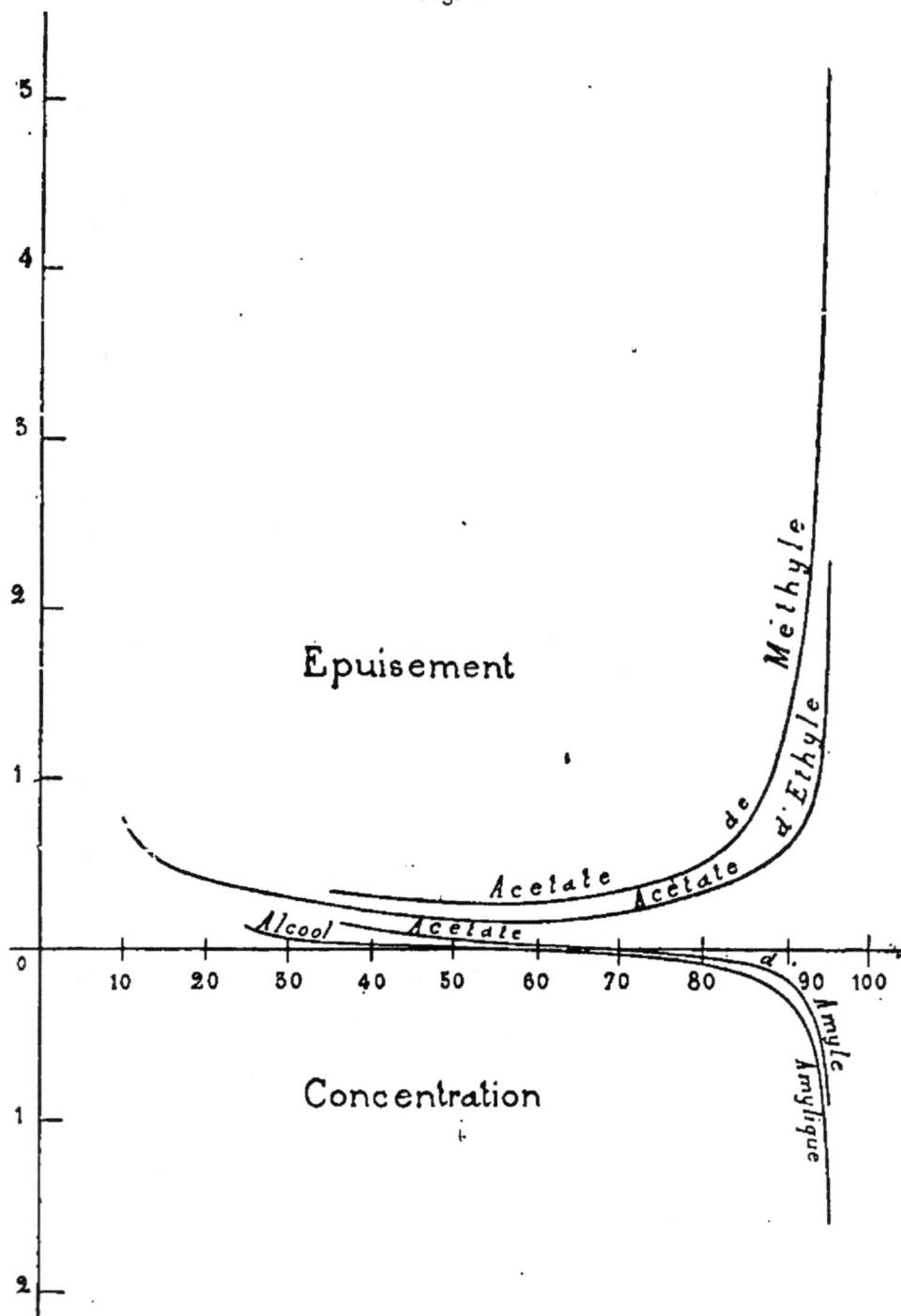

d'où enfin :

$$\frac{dp}{p} = \frac{ds}{(K-1)s}.$$

Or, si nous nous reportons à la p.   , nous avons

$$\frac{dp}{p} = \frac{dt}{U-t}.$$

Nous en déduisons :

$$\frac{ds}{s} = (K-1)\frac{dt}{U-t}$$

ou :

$$\text{Log.}\ \frac{s}{S} = -\int_t^T \frac{(K-1)dt}{U-t}.$$

Si donc on connaît, comme dans les quelques exemples donnés p. 149, la relation entre K et le titre t du liquide dissolvant, et la relation entre U et t pour ce dissolvant, on arrivera par une quadrature de courbes à connaître la variation de richesse du mélange pour une variation de titre donnée du dissolvant.

La *fig.* 2 montre quelques exemples :

n° 1, cas de l'alcool amylique
n° 2, cas de l'acétate de méthyle
n° 3, cas de l'acétate d'éthyle
n° 4, cas de l'acétate d'amyle
} dissous dans l'alcool ordinaire.

CHAPITRE VI

—

CONCENTRATION DES VAPEURS

Les exemples tirés du mémoire de M. Duclaux voir p. 144, montrent que, même avec un certain enrichissement de vapeur par suite du rayonnement des parois, il faut distiller une quantité notable du liquide pour extraire la totalité du corps le plus entraînable.

Ainsi, dans le cas de l'alcool éthylique, si l'on ne veut perdre que 0,5 %, il faut distiller les

4 dixièmes d'un liquide à 5 %		
5	//	10
6	//	20
6	//	30
7	//	40-50

En d'autres termes, on obtiendra par distillation d'un liquide

à 5 %	un liquide à	12,44 %
10	//	19,90
20	//	33,17
30	//	49,75
40	//	56,86
50	//	71,07

Il serait donc presque impraticable de chercher à obtenir de l'alcool à fort degré, sans pertes trop sensibles, si l'on ne recourait à un artifice consistant à condenser une partie des vapeurs, pour obtenir un produit plus riche du premier jet, et renvoyer la partie condensée à la chaudière. On fait ruisseler de l'eau soit sur le couvercle de l'alambic, soit sur des épanouissements successifs du tuyau, ou encore on fait circuler les vapeurs dans un long tube incliné exposé à l'air et ramenant à la chaudière les produits condensés.

Pour nous rendre compte du fonctionnement, appelons, comme ci-dessus, p, le poids du liquide à un moment donné de la distillation ; t, son titre pondéral ; U, le titre des vapeurs qu'il dégage ; E, le titre de l'alcool recueilli ; τ, le titre des reflux ; λ_U, μ_U, c_U, la chaleur latente de vaporisation, la chaleur du mélange à $0°$ et la chaleur spécifique moyenne du liquide de titre U; θ_U, la température d'ébullition du liquide de titre t; $\lambda_E, \mu_E, c_E, \theta_E$, les mêmes données pour le liquide de titre E; μ_τ, c_τ, les mêmes données pour le liquide de titre τ; θ_R, la température des reflux; R, la quantité de chaleur enlevée par kilogramme d'alcool recueilli.

Quand il se dégage du liquide une quantité dp de vapeurs, on recueille une quantité da d'alcool à l'éprouvette, et, si la surface de condensation laisse refluer aussitôt à la chaudière tout l'alcool condensé, on a :

$$Eda = pdt;$$

d'autre part, on a évidemment :

$$Udp = Eda + (dp - da)\tau$$

d'où :

$$Edp(U - \tau) = pdt\,(E - \tau).$$

Écrivons que toute la chaleur possédée par les vapeurs se retrouve dans la vapeur qui échappe, dans les reflux et dans la chaleur cédée au condenseur :

$$dp\left[\lambda_U - \mu_U + c_U\theta_U\right] = R\frac{pdt}{E} +$$

$$+ \frac{pdt}{E}\left[\lambda_E - \mu_E + c_E\theta_E\right] + \left(dp - \frac{pdt}{E}\right)\left(-\mu_\tau + c_\tau\theta_R\right).$$

De ces deux relations on déduit :

$$\frac{E\,dp}{p\,dt} = \frac{E - \tau}{U - \tau} =$$

$$= \frac{R + \lambda_E - \mu_E + c_E \theta_E - \left(-\mu_\tau + c_\tau \theta_R\right)}{\lambda_U - \mu_C + c_U \theta_U - \left(-\mu_\tau + c_\tau \theta_R\right)}$$

ou enfin

$$\frac{t - U}{U - \tau} =$$

$$= \frac{R + \lambda_E - \mu_E + c_E \theta_E - \left(\lambda_U - \mu_U + c_U \theta_U\right)}{\lambda_U - \mu_U + c_U \theta_U - \left(-\mu_\tau + c_\tau \theta_R\right)}$$

Dans cette relation, il y a trois indéterminées : τ, R, θ_R. Toutefois, on peut poser quelques conditions qui limitent l'indétermination.

τ n'a pas une valeur quelconque, il est compris entre U et t, de même R a un maximum qui est fixé par la température d'ébullition dans la chaudière, C doit être le plus petit possible.

E est donné, U est indépendant de l'opérateur, on ne peut donc pas faire varier à volonté E — U : dans le numérateur du second membre, R est donc aussi seul variable.

Supposons τ connu, et par suite, μ_τ et c_τ; plus θ_R sera faible, plus le second membre tendra à croître, par suite plus R devra être faible pour

une valeur déterminée de E, U et τ. Il y a donc
intérêt à faire circuler l'eau de refroidissement
et les vapeurs en sens contraire. C'est ce que
l'on observe, ainsi que nous le verrons plus loin,
dans les appareils de distillation continue.

Supposons au contraire τ variable, il a pour
minimum la valeur t relative au liquide bouillant
dans la chaudière, et il est clair que dans ce cas
$\theta_R = \theta_U$: quand τ diminue, le premier membre
ou τ est la seule variable diminue. D'autre part,
le terme $(- \mu_\tau + c_\tau \theta_R)$ augmente, le dénominateur du second membre diminue donc, il faut
par suite que le seul terme variable au numérateur, c'est-à-dire R diminue rapidement : on
aura donc d'autant moins de chaleur à absorber
que les reflux seront, comme teneur, plus voi-
sins du liquide de la chaudière.

En d'autres termes, on doit faire circuler le
liquide réfrigérant en sens contraire du courant
de vapeurs, et augmenter la surface de contact de
façon à réduire le plus possible la quantité de
liquide réfrigérant. Ces conditions, réunies dans
l'ancien appareil Pistorins, ont été négligées
dans nombre d'alambics modernes où le cons-
tructeur s'est montré plus soucieux du bas prix
que des conditions de bonne marche.

En réalité, comme θ_R ne peut jamais être très

éloigné de θ_U, sous peine d'amener une condensation complète, et a une influence relativement
faible, on arrive à conclure que l'appareil doit
être disposé de façon que les reflux aient sensiblement le même titre que le liquide de la chaudière.

Ceci posé, donnons à τ la valeur t qui correspond au liquide existant actuellement dans la
chaudière, notre troisième équation se réduit à :

$$\frac{E\,dp}{p} = \frac{dt(E - t)}{U - t}$$

d'où :

$$\text{Log.}\,\frac{p}{p_0} = - \int_t^T \frac{dt}{U - t} + \frac{1}{E}\int_t^T \frac{t\,dt}{U - t}.$$

Voyons maintenant la chaleur à enlever pour
obtenir la concentration.

Dans l'hypothèse la plus favorable on aura :

$$\frac{E - U}{U - t} =$$

$$= \frac{R + \lambda_E + \mu_E + c_E\theta_E - \left(\lambda_U - \mu_U + c_U\theta_U\right)}{\lambda_U - \mu_U + c_U\theta_U - \left(-\mu_t + c_t\theta_U\right)}$$

d'où

$$R = \lambda_U - \mu_U + c_U\theta_U - \left(\lambda_E - \mu_E + c_E\theta_E\right) +$$

$$+ \frac{E - U}{U - t}\left[\lambda_U - \mu_U + c_U\theta_U - \left(-\mu_t + c_t\theta_U\right)\right]$$

Considérons le cas le plus fréquent où $E = 50$ (environ 58° Gay-Lussac). Nous trouvons :

Alcool dans la chaudière	R
12°	27
10	105
8	188
6	360
4	574
3	1216
2	1491
1	3150

La quantité de chaleur à céder au condenseur devient donc énorme pour les derniers kilogrammes d'alcool, aussi renonce-t-on à pousser l'opération jusqu'au bout : on recourt à la distillation simple pour obtenir un alcool pauvre que l'on réunit à l'alcool à travailler dans les opérations suivantes.

La dépense de chaleur est celle qui est nécessaire pour vaporiser le liquide de la chaudière, moins celle rapportée par les reflux : on a donc, une fois le liquide porté à l'ébullition :

$$dQ = dp\lambda_u - \frac{Edp - pdt}{E} c_t \theta_u,$$

en supposant comme ci-dessus, que les reflux rentrent à la chaudière à la température et au titre du liquide qu'elle contient :

D'où l'on déduit :

$$dQ = \frac{pdt}{E}\left[\frac{\lambda_U(E - t) - c_t\theta_U(E - U)}{U - t}\right],$$

ou, comme

$$\frac{pdt}{E} = da \qquad \text{et} \qquad t = \frac{p_0 T - aE}{p_0 - a}$$

$$Q = p_0 c_T(\theta_T - \theta_i) + \int_t^T da\,\frac{\lambda_U(E - t) - c_t\theta_U(E - U)}{U - t}.$$

expression dans laquelle p_0 représente le poids initial de liquide; θ_i, la température du liquide à son introduction dans la chaudière; c_T, sa chaleur spécifique initiale; θ_T, sa température initiale d'ébullition; T, son titre initial.

On voit que la dépense croît très rapidement dès qu'on a recueilli les $\frac{4}{5}$ de l'alcool. Aussi, d'habitude, cesse-t-on de maintenir les hauts degrés quand on a recueilli les $\frac{17}{20}$ de l'alcool, et laisse-t-on l'appareil s'épuiser par distillation simple.

On obtient ainsi environ 120 litres à 12° qui rentrent en fabrication à l'opération suivante.

Supposons le liquide à une température initiale de 15°, et mesurons les quantités de chaleur dépensées, et, pour tenir compte des variations de la chaleur de mélange, comptons les calories depuis la température de o :

Chaleur gagnée de o à 91,3 par 1000^{kg} liqueur à 12°,37

$$1000\left[-5,3+\left(1,06+0,002\times\frac{91,3}{2}\right)\times91,3\right]\quad.\quad 99\,780$$

Chaleur gagnée de o° à 15° par 1000^{kg} liqueur $1000\left[-5,3+\left(1,06+0,002\times\frac{15}{2}\right)\times15\right]$

à déduire 10 825

————

88 955

Chaleur absorbée par la production de 170^{kg} à 5o °/$_0$ d'après la quadrature de la courbe.   101 270

Chaleur absorbée pour vaporiser 121^l,3 à 12°,37 = 98^{kg},3 . . . .   49 366

Chaleur absorbée pour porter le résidu, soit 708^{kg},5 de 91°,3 à 100° 6 164

————

225 755

Si l'on utilise la chaleur latente de vaporisation de l'alcool pour chauffer une nouvelle charge de liquide à distiller, on voit qu'on peut porter cette charge à sa température d'ébullition et économiser 88 955 calories : il reste donc : 136 800 calories.

Mais on n'a amené au titre pondéral que $\frac{17}{20}$ de l'alcool; le reste rentrant dans une nouvelle opération : si donc on se propose de calculer la dépense réelle, elle est $136\,800\times\frac{20}{17}=160\,941$ calories, en admettant qu'on utilise la chaleur latente des vapeurs.

CHAPITRE VII

—

APPAREILS A PLUSIEURS CHAUDIÈRES

Nous avons vu, dans le chapitre précédent, combien vite augmente la consommation de chaleur, à mesure que le liquide de la chaudière s'appauvrit, quand on tient à recueillir un produit alcoolique d'un titre constant et relativement élevé. Le problème devient même pratiquement irréalisable en fin d'opération.

L'appareil français d'Adam et l'appareil allemand de Pistorins ont permis de tourner cette difficulté.

Ils consistent en une série de chaudières (l'appareil de Pistorins n'en contient généralement que deux), dont l'une, placée en contre-bas, reçoit le chauffage soit directement d'un foyer, soit indirectement par de la vapeur provenant d'un générateur. Sur cette chaudière est assemblé à l'aide de boulons un grand chapiteau, d'où part un large tube muni d'un *reniflard* ; sur ce tube est branché également un serpentin qui amène les vapeurs à un petit refrigérant pour indiquer si l'opération est terminée.

Les vapeurs produites dans cette chaudière pénètrent jusqu'au fond de la seconde.

Le tuyau, partant du chapiteau de celle-ci, amène les vapeurs autour du chauffe-vins, puis au système de lentilles refroidies extérieurement qui constitue le déflegmateur ; elles s'y condensent partiellement, comme nous l'avons vu ci-dessus, et passent au réfrigérant, tandis que les liquides condensés retournent à la chaudière supérieure.

Pour mettre l'appareil en route, on charge d'abord le chauffe-vins, et les deux chaudières, puis on commence à chauffer la chaudière inférieure. Les vapeurs qui se dégagent passent à travers le moût de la seconde où elles se condensent et ne tardent pas à le porter à l'ébullition, tout en l'enrichissant. Les vapeurs de la seconde chaudière arrivent au chauffe-vins, au déflegmateur et au réfrigérant comme dans le cas étudié dans le chapitre précédent.

La chaudière inférieure soumise à la distillation simple, s'épuise rapidement : quand il n'y

a plus d'alcool, on vide cette chaudière, on la
charge de nouveau avec le contenu de la seconde en partie épuisée, celle-ci avec le liquide
bouillant du chauffe-vins et l'on est prêt à re-
commencer.

Considérons l'opération à son début, c'est-à-
dire quand les deux chaudières sont chargées
d'un liquide identique à 10 %, par exemple,
d'alcool en poids soit 12 % en volume, comme
dans l'exemple précédent : et supposons que la
chaudière supérieure contienne un liquide à 25°
C., et, pour simplifier le calcul, admettons que
la capacité de chaque chaudière soit assez grande
pour que l'extraction de quelques kilogrammes
d'alcool ne change pas sensiblement la composition du contenu.

Chaque kilogramme de vapeur produite par
un liquide à 10 % en poids, titrera d'après notre
table 48,9 % d'alcool en poids et apportera
une quantité de chaleur depuis 0° représentée
par :

$$371,6 + \left[- 7,2 + 91,25 \left(0,947 + \right. \right.$$

$$\left. \left. + 0,0028 \frac{91,25}{2} \right) \right] = 465,5.$$

Mélangeons cette vapeur avec 5 kilogrammes,

par exemple, de liquide à 10 $^0/_0$ en poids, nous aurons un liquide ayant pour richesse :

$$\frac{48,9 + 5 \times 10}{6} = 16,15 \,^0/_0 = 19°85 \text{ G.L}$$

qui bout à 88°,36.

Les 5 kilogrammes de liquide possédaient à 25° une chaleur de :

$$5\left[-5,4 + 25\left(1,060 + 0,002\frac{25}{2}\right)\right] = 108,60 \text{ calories}$$

Portés à l'ébullition, les 6 kilogrammes du mélange possèdent une quantité de chaleur de :

$$6\left[-7,4 + 88,36\left(1,065 + 0,00205\frac{88,36}{2}\right)\right] = 567,9 \text{ calories}$$

Il reste $465,5 + 108,60 - 567,9 = 6,2$ calories disponibles.

On arrive donc non seulement à porter le contenu de la chaudière supérieure à l'ébullition, mais même à en commencer la vaporisation très rapidement.

Quand une fois l'appareil est en marche normale, le contenu du chauffe-vins étant presque à l'ébullition, la chaudière supérieure contient

au début un liquide à 10 % bouillant, et la
chaudière inférieure un liquide à 5. % environ,
au début de chaque reprise.

1 kilogramme de vapeur fournie par un liquide à 5 % en poids (6°,2 G.L.) possède depuis
0° 523,5 calories, et titre 33,37 % d'alcool
(39°,97 G. L.).

Mélangeons cette vapeur avec 100 kilogrammes
de liquide à 10 %, nous aurons un liquide ayant
pour titre pondéral :

$$\frac{33,37 + 100 \times 10}{101} = 10,23 \% = 12°,60 \text{ G.L}$$

qui bout à 91°,32.

Les 100 kilogrammes d'alcool à 10 % possédaient à leur température d'ébullition 91°,33.

$$100 \left[-5,4 + 91,33 \left(1,060 + \right.\right.$$
$$\left.\left. + 0,002 \frac{91,33}{2} \right) \right] = 9971 \text{ calories}$$

Les 101 kilogrammes à 10,23 % possèdent à
l'ébullition :

$$101 \left[-5,4 + 91,32 \left(1,060 + \right.\right.$$
$$\left.\left. + 0,002 \frac{91,32}{2} \right) \right] = 10073 \text{ calories}$$

Il reste donc :

$523,5 + 9971 — 10075 = 319,5$ calories disponibles qui sont employées à vaporiser du liquide de la chaudière supérieure ; comme la chaleur de vaporisation de l'alcool fourni par un liquide à $10°,23$ est 371, on voit qu'un kilogramme de vapeur de la chaudière inférieure suffit pour extraire de 100 kilogrammes de la chaudière supérieure $\frac{319.5}{371} = 0^{kg},861$ d'alcool à $57°,17$.

Si l'on prend l'opération à un point où elle est plus avancée, comme la chaleur totale cédée par la vapeur de la chaudière inférieure croît plus rapidement que la chaleur enlevée par la vapeur plus riche de la chaudière supérieure, on voit que plus l'épuisement avance, plus la quantité d'alcool éliminée de la chaudière supérieure est grande pour 1 kilogramme d'alcool enlevé à la chaudière inférieure.

L'épuisement est donc très rapide, et la quantité de chaleur nécessaire pour achever d'extraire l'alcool de la chaudière inférieure est non seulement suffisante pour permettre la distillation d'une partie de l'alcool de la chaudière supérieure, mais pour qu'on puisse concentrer la vapeur produite après qu'elle a traversé le chauffe-vins.

Outre l'appareil Pistorins, nous citerons, comme fondés sur le même principe, l'appareil Laugier, l'appareil Schwartz très employé dans l'Allemagne du Sud, l'appareil Siemens, etc.

Pour assurer une plus grande régularité de marche, on peut recourir, comme dans l'appareil d'Adam à plusieurs chaudières en cascade, ou à l'appareil de Gall à trois chaudières, dont deux plongées dans la chambre à vapeur d'un générateur agissent alternativement comme chaudière à épuiser, envoyant leur vapeur alcoolique faible dans la voisine et de là dans une chaudière extérieure faisant fonction de la première chaudière de Pistorins.

Dans tous les genres d'appareils basés sur ce principe, comparés au système étudié dans le chapitre précédent, l'économie repose sur ce qu'une grande partie de la chaleur est utilisée à la distillation du contenu des chaudières plus élevées, à l'échauffement des vins, ainsi qu'à la concentration, eu lieu d'être entraînée inutilement par l'eau servant à la concentration.

CHAPITRE VIII

—

APPAREILS A DISTILLATION CONTINUE

L'étude des appareils dont il est question dans le chapitre précédent nous conduit naturellement aux appareils de distillation continue.

Un premier type consiste en une chaudière unique divisée en compartiments concentriques par des cloisons : ces compartiments sont eux-mêmes traversés par une cloison radiale. Nous en trouvons un exemple dans les appareils à concentration de l'acide sulfurique de la maison Desmontis.

Dans ces alambics, l'acide préalablement échauffé arrive dans le compartiment extérieur au voisinage de la cloison radiale, parcourt tout

le compartiment, passe par trop-plein dans le
suivant, et ainsi de suite, puis sort concentré du
compartiment intérieur.

Pendant ce trajet, l'acide étant maintenu par
le rayonnement du foyer à l'ébullition, sa température s'élève à mesure qu'il se concentre : il
ne peut donc condenser la vapeur provenant des
compartiments plus éloignés du centre. La concentration se produit, par suite dans un vase
unique cloisonné comme dans plusieurs vases
isolés.

Par contre, la vapeur dégagée du compartiment intérieur doit se mettre en équilibre avec
celles des compartiments extérieurs, elle doit
donc laisser condenser dans ceux-ci une certaine
quantité d'acide sulfurique qui eût passé à la
distillation avec un alambic ordinaire. Cette
quantité d'acide sulfurique enrichit le contenu
des compartiments extérieurs et concourt par
suite à la concentration, en même temps le volume et l'acidité des petites eaux sont moindres.

Nous voyons, par cet exemple, que la distillation en chaudière continue donne non seulement
une grande régularité de marche, mais une économie notable toutes les fois que le produit à
recueillir bout à une température plus élevée
que le liquide initial.

Mais s'il s'agit de faire l'inverse, c'est-à-dire de recueillir les vapeurs dégagées et d'épuiser un liquide formé de deux corps volatils, dont le plus volatil est seul précieux, le même raisonnement montre qu'il y a désavantage. Prenons comme exemple un mélange d'eau et d'alcool.

La température d'ébullition ira en s'élevant à mesure que le liquide s'appauvrira. Par suite les vapeurs dégagées par le liquide presque épuisé pourront se condenser dans le liquide riche initial et l'étendre inutilement. Il faudra donc distiller plus de liquide pour extraire tout l'alcool. Peut-être en admettant des dispositions spéciales pourrait-on parer à la difficulté en forçant les vapeurs d'un compartiment à barbotter dans le compartiment immédiatement antérieur, sans se mélanger immédiatement avec les vapeurs riches du premier : mais ce serait abandonner le principe et tomber dans le type étudié au chapitre précédent en substituant des chaudières concentriques à des chaudières séparées.

Arrivons maintenant à la classe la plus fréquente des appareils à distillation continue.

Ils consistent généralement en une colonne

verticale, ronde ou prismatique, divisée par des
cloisons horizontales portent des barbotteurs
consistant en calottes renversées de formes va-
riées qui obligent les vapeurs à barbotter dans
les liquides qui occupent les compartiments jusqu'à la hauteur d'un trop-plein, prolongé en
dessous par un appendice plongeant dans le liquide du compartiment immédiatement inférieur.

Les liquides à distiller circulent ainsi de compartiment en compartiment, en s'épuisant peu
à peu au contact de la vapeur, qui s'enrichit
dans son ascension.

Pour nous rendre compte du fonctionnement
de ce genre d'appareils, nous étudierons d'abord
un cas très simple, celui d'un mélange d'eau et
d'ammoniaque entrant à la température de
l'ébullition dans la colonne, et assez étendu
pour que la température d'ébullition ne varie
pas par suite de l'appauvrissement de la liqueur.

Dans ce cas, ce sera le même poids de vapeur d'eau qui traversera tous les compartiments, de même le poids d'eau descendant ne
changera pas.

Appelons s_n, le taux d'ammoniaque dans le
liquide qui occupe l'étage ; $n\sigma_n$, le taux d'ammo-

niaque dans la vapeur qui se dégage de cet
étage, nous admettrons, comme nous l'avons
fait p. 128 que l'on a la relation $\sigma = Ks$: dans
le cas particulier étudié, K est constant.

Ceci posé, considérons l'appareil en pleine
marche, et arrivé au régime permanent : il
passera, par unité de temps, un poids P de
liquide de haut en bas et un poids V de
vapeur de bas en haut, et nous aurons la relation évidente exprimant la permanence du régime :

$$P_{n-1}s_{n-1} + V_{n+1}\sigma + n_1 = P_n s_n + V_n \sigma_n$$

ou, d'après ce que nous venons de dire :

$$Ps_{n-1} + VK s_{n+1} = Ps_n + VK s_n$$

d'où :

$$s_{n-1} - s_n = \frac{VK}{P}\left(s_n - s_{n+1}\right).$$

Nous voyons ainsi que lorsque le nombre de
plateaux comptés à partir du haut varie
en progression arithmétique, les différences
entre les taux d'ammoniaque de deux plateaux
successifs décroissent en progression géométrique :

Nous avons donc :

$$s_1 - s_2 = \frac{VK}{P}(s_2 - s_3)$$

$$s_2 - s_3 = \frac{VK}{P}(s_3 - s_4)$$

$$s_{m-1} - s_m = \frac{VK}{P} s_m$$

en admettant que le m^e plateau soit le dernier.

Faisant la somme des termes de cette progression géométrique, nous trouvons

$$s_1 - s_m = s_m \frac{\left(\frac{VK}{P}\right)^m - 1}{\frac{VK}{P} - 1}$$

ou :

$$s_1 = s_m \left[1 + \frac{\left(\frac{VK}{P}\right)^m - 1}{\frac{VK}{P} - 1}\right].$$

Considérons le cas où l'on alimente la colonne avec des liqueurs à 4 % d'ammoniaque, ce qui se présente dans beaucoup de soudières, et où l'on obtient des liquides à 10 %, 20 % et à 30 %, ce qui est très praticable, nous aurons : $P = 25$, $V_1 = 9$, $V_2 = 4$, $V_3 = 2,333$, et sachant que $K = 15$ pour la solution aqueuse d'ammoniaque, nous trouvons :

TITRES DE L'AMMONIAQUE RECUEILLIE :

10 %	20 %	30 %
$s_1 = s_2 \times 7,4$	$s_2 \times 5,2$	$s_2 \times 3,4$
$s_3 \times 36,6$	$s_3 \times 10.8$	$s_3 \times 5,4$
$s_4 \times 194$	$s_4 \times 24,7$	$s_4 \times 8,1$
$s_5 \times 1341$	$s_5 \times 57,9$	$s_5 \times 11,9$
$s_6 \times 5636$	$s_6 \times 137,5$	$s_6 \times 17,3$
$s_7 \times 30430$	$s_7 \times 328,7$	$s_7 \times 24,8$
$s_8 \times 164326$	$s_8 \times 787,4$	$s_8 \times 35,4$
$s_9 \times 1117092$	$s_9 \times 1888,4$	$s_9 \times 50,1$
$s_{10} \times 7594319$	$s_{10} \times 4530,8$	$s_{10} \times 70,8$
	$s_{11} \times 10873$	$s_{11} \times 99,7$
	$s_{12} \times 26094$	$s_{12} \times 140,2$
	$s_{13} \times 62626$	$s_{13} \times 196,9$
	$s_{14} \times 150300$	$s_{14} \times 276,2$
	$s_{15} \times 360736$	$s_{15} \times 387,1$
	$s_{16} \times 865787$	$s_{16} \times 542,2$
	$s_{17} \times 2077858$	$s_{17} \times 760,2$
	$s_{18} \times 4987214$	$s_{18} \times 1065,2$
	$s_{19} \times 11969287$	$s_{19} \times 1492,2$
	$s_{20} \times 28727143$	$s_{20} \times 2090,2$

Cet exemple montre clairement combien important est le réglage de là vapeur sur un appareil à distiller. Si la pression dans la conduite varie dans des proportions notables, comme, dans le cas étudié, toute la vapeur entrant dans l'appareil en sort par le compartiment supérieur, le taux d'ammoniaque dans les vapeurs variera constamment : tantôt on aura de la vapeur étendue, tantôt de la vapeur trop concentrée ; dans le premier cas, le liquide sera épuisé au bout d'un petit nombre de compartiments, dans

Fig. 3

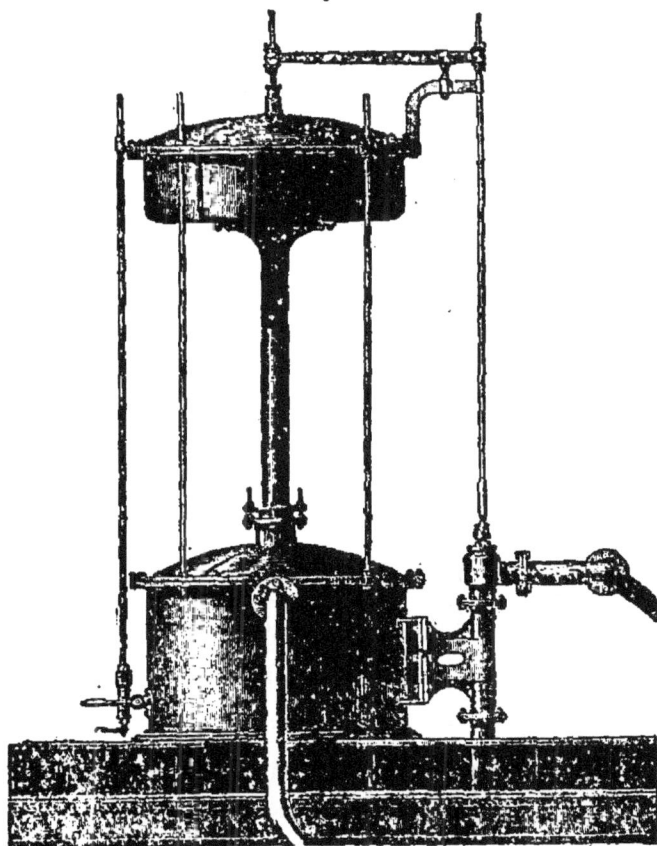

le second cas, on pourra perdre une quantité très sensible d'ammoniaque, même en employant des appareils pourvus de nombreux compartiments. Aussi, dans tous les appareils à

distiller modernes, emploie-t-on des régulateurs
d'admission de vapeur qui sont, pour la plupart, calqués sur le régulateur Savalle (*fig.* 3),

Celui-ci, ainsi que le montre le dessin, constitue un véritable manomètre à eau à air libre :
la bâche inférieure est en communication avec
le compartiment inférieur de la colonne à distiller, la bâche supérieure contient un flotteur
actionnant une soupape conique équilibrée, de
façon qu'une variation minime de pression
(2 à 3 centimètres d'eau), suffit pour modifier
complètement l'admission de vapeur.

Si le poids P de liquide introduit varie, ou
bien si la richesse du liquide change, il faut
pouvoir modifier la valeur de V, on y arrive en
faisant varier la distance entre les niveaux de l'eau
contenue dans les deux bâches. Si l'on abaisse
le niveau de l'eau dans la bâche inférieure, il
faut une plus grande pression pour que le
flotteur fonctionne et agisse sur la soupape : la
valeur de V augmente donc, et inversement elle
diminue quand on relève le niveau dans la
bâche. La *fig.* 4 montre un régulateur Savalle
basé sur ce principe où un trop-plein commandé
par une vis permet d'agir en marche sur la
pression de régime du régulateur.

On voit également qu'on peut arriver à

épuiser un liquide contenant un corps volatil

Fig. 4

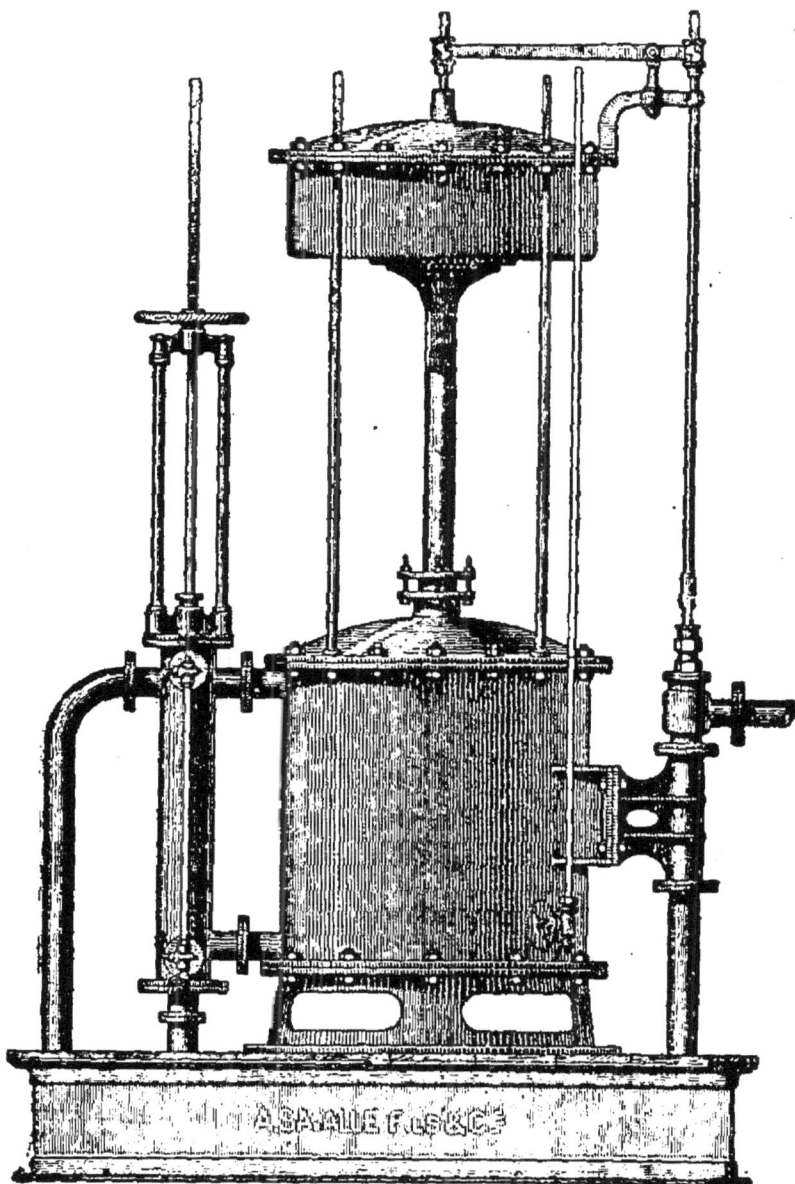

avec des appareils comportant des nombres très

différents de plateaux, mais au prix d'une dépense de vapeur d'autant plus grande que le nombre de plateaux est moindre. Ainsi, dans l'exemple précédent, nous voyons qu'on peut réduire le taux d'ammoniaque au plateau de sortie à la 150 000ᵉ partie du taux initial en employant 8 plateaux mais en dépensant 9 kilogrammes de vapeur par kilogramme d'ammoniaque, tandis qu'on arrive au même résultat avec un appareil à 14 plateaux, en ne dépensant que 4ᵏᵍ de vapeur par kilogramme d'ammoniaque.

Au point de vue de la sécurité et de l'économie de charbon, il y a donc un intérêt considérable à adopter des appareils à un grand nombre de plateaux, plutôt que des appareils à plateaux peu nombreux, et, comme il arrive presque toujours dans l'industrie, l'économie réalisée sur le capital de première installation est vite compensée par les dépenses journalières qu'entraîne le choix d'un appareil mal compris.

Si l'on examine combien vite varie le rapport $\frac{s_1}{s_m}$, on conçoit qu'il faut toujours adopter un nombre de plateaux supérieur de 4 ou 5 au nombre théorique pour parer à toutes les variations de titre, et pouvoir, à certains moments, forcer la marche de l'appareil.

Le rapport $\frac{s_1}{s_m}$ ne dépend ni de V, ni de P, ni

de K considérés isolément, mais bien du rapport $\frac{VK}{P}$. Si donc nous supposons qu'un liquide contienne plusieurs composés volatils, pour lesquels les valeurs de K soient assez différentes, il sera épuisé du composé le plus entraînable, longtemps avant de l'être des corps moins entraînables. C'est le cas qui se présente, par exemple, dans la distillation continue de certains vins où l'arome spécial est perdu dans les vinasses si l'on ne recourt pas à des artifices.

Il faut bien noter que la valeur de K peut varier notablement avec la nature du dissolvant. Prenons par exemple le cas de l'ammoniaque. Dans les fabriques de soude par l'ammoniaque, on a à régénérer l'ammoniaque existant à l'état de chlorhydrate : le plus souvent on la retire en distillant le liquide avec de la chaux : il se forme du chlorure de calcium et de l'ammoniaque libre qui s'élimine sensiblement conformément au calcul précédent. Mais si, au lieu de chaux, on emploie la magnésie caustique, il se forme un sel double de magnésie et d'ammoniaque sur lequel l'excès de magnésie n'agit que lentement et, naturellement, la valeur de K est notablement diminuée ; aussi faut-il recourir à un nombre énorme de compartiments pour être sûr de l'épuisement.

CHAPITRE IX

—

DISTILLATION CONTINUE DE L'ALCOOL
ET DES COMPOSÉS ANALOGUES

Dans la pratique, il est excessivement rare que le liquide à épuiser par distillation soit introduit dans la colonne à distiller à la température de l'ébullition, comme nous l'avons admis dans les calculs du chapitre précédent. Il commence donc par condenser des vapeurs et par s'enrichir jusqu'à ce qu'il atteigne la température d'ébullition. Ce n'est donc pas le liquide envoyé dans l'appareil qu'il faut considérer, mais bien le liquide plus riche occupant le compartiment où se fait l'alimentation.

Par exemple, on observe dans les bons appareils à distiller qu'un liquide à 4 %/₀ d'alcool en volume fournit des vapeurs qui titrent 5o° Gay-Lussac. D'après notre table, le liquide contenu dans le dernier compartiment a pour richesse 9°,6 Gay-Lussac.

Plus l'eau alcoolisée ([1]) entrera froide, plus elle condensera de vapeurs alcooliques pour former un mélange bouillant, plus par suite le degré du liquide contenu dans le plateau alimentaire sera élevé. plus donc le contenu du produit recueilli sera riche.

Inversement, si l'eau alcoolisée entre très chaude, on n'obtiendra qu'un produit de degré bas, à moins d'employer un nombre énorme de compartiments.

Il y a donc une relation forcée entre la température à l'entrée, le degré de l'eau alcoolisée introduite et le degré du produit obtenu.

Cette relation s'établit de la façon suivante :

Appelons A, le poids du liquide alcoolique au taux $\%$ a d'alcool entrant dans la colonne par unité de temps ;

([1]) Dans ce qui va suivre, nous n'appliquerons le calcul qu'à des mélanges d'eau et d'alcool et non aux matières qui les accompagnent dans les produits de fermentation, parce qu'on ignore les chaleurs spécifiques de ces corps. Toutefois, pour la plupart des produits de fermentation, les résultats coïncident sensiblement avec ceux qui dérivent des calculs théoriques.

E, le poids du liquide alcoolique au taux $\%$ e d'alcool sortant à l'état de vapeurs par unité de temps ;

P$_n$, le poids du liquide alcoolique au taux $\%$ l_n sortant du neuvième plateau par unité de temps ;

V$_{n+1}$, le poids de vapeur aux taux v_{n+1} entrant dans le neuvième plateau par unité de temps ;

C$_a = (- \mu_a + c_a \theta_a)$, la chaleur possédée depuis o par l'eau liquide alcoolique entrant ;

C$_n = (- \mu_n + c_n \theta_n)$, la chaleur possédée depuis o par le liquide alcoolique bouillant dans le plateau n ;

L$_1 = (- \mu_1 + \lambda_1 + c_1 \theta_1)$, la chaleur totale depuis o contenu dans un kilogramme de la vapeur émise par le premier plateau L$_n$ la chaleur totale depuis o contenu dans un kilogramme de la vapeur émise par le neuvième plateau.

Lorsque la colonne est arrivée au régime permanent, nous avons forcément :

$$A + V_{n+1} = E + P_n$$

et si l'épuisement est parfait :

$$Aa = Ee$$
$$P_n t_n = V_{n+1} u_{n+1}$$

Enfin si la colonne est supposée à l'abri du rayonnement :

$$AC_a + V_{n+1} L_{n+1} = EL_1 + P_n C_n$$

On déduit de là : $V_{n+1} = \dfrac{P_n l_n}{u_{n+1}}$

$$P_n = \frac{(A - E)\, u_{n+1}}{U_{n+1} - t_n}$$

$$V_{n+1} = \frac{(A - E)\, t_n}{u_{n+1} - t_n}$$

et :

$$P_n = \frac{[EL_1 - AC_a]\, u_{n+1}}{- u_{n+1} C_n + t_n L_{n+1}} = \frac{(A - E)\, u_{n+1}}{U_{n+1} - t_n}$$

On a donc :

$$\frac{EL_1 - AC_a}{- u_{n+1} C_n + t_n L_{n+1}} = \frac{A - E}{U_{n+1} - t_n}$$

ou :

$$\frac{EL_1 - AC_a}{A - E} = \frac{t_n L_{n+1} - u_{n+1} C_n}{u_{n+1} - t_n}$$

et, remplaçant E par sa valeur en fonction de A ;

$$\frac{aL_1 - eC_a}{e - a} = \frac{t_n l_{n+1} - u_{n+1} C_n}{u_{n+1} - t_n}.$$

Cette formule nous servira pour calculer le titre d'un plateau connaissant celui du précédent.

Pour le premier plateau, elle devient :

$$\frac{aL_1 - eC_a}{e - a} = \frac{t_1 L_2 - u_2 C_1}{u_2 - t_1}.$$

Cette équation comporte presque toujours une solution mathématique ; mais nous devons, dans le cas qui nous occupe, lui ajouter une équation de condition : à savoir que la colonne devant épuiser l'alcool, il faut que le deuxième plateau soit à un titre inférieur au premier.

Il est clair que nous avons, même avec cette condition, des variables indépendantes : il ne peut en être autrement, puisque nous ne faisons pas entrer en ligne de compte la quantité de vapeur produite au bas de l'appareil. Il y a donc un nombre infini de solutions. Mais nous pouvons nous poser la condition que le premier et le deuxième plateau diffèrent aussi peu que possible, nous arrivons alors à avoir le maximum de degré de l'alcool produit, mais aussi à employer le nombre maximum de plateaux. C'est dans cette hypothèse que nous avons calculé le tableau de la p. 88.

Il est clair que l'on aurait tort dans l'industrie de chercher à se placer strictement dans les conditions où ces chiffres sont théoriquement exacts : d'une part, pour gagner quelques degrés à l'éprouvette, on serait obligé d'adopter des colonnes à un nombre énorme de plateaux, d'autre part, on n'aurait aucune sécurité car, si l'on manquait un instant de vapeur, l'appareil n'épuiserait plus l'alcool mis en œuvre.

Température de l'alcool introduit	Alcool à 3 %/0 = 3°,8 G.L.				Alcool à 7 %/0 = 8°,8 G.L.				Alcool à 10 %/0 = 12°,4 G.L.			
	Alcool à l'éprouvette		Alcool dans le premier plateau		Alcool à l'éprouvette		Alcool dans le premier plateau		Alcool à l'éprouvette		Alcool dans le premier plateau	
30°C	51,20 %/0	5y°	11,0 %/0	12°,60								
40	46,30	54	9,10	11, 25								
50	42,05	49, 5	7,58	9, 40	53,70 %/0	61°,50	12,18 %/0	15°,00	59,02 %/0	66°,70	14,12 %/0	17°,4
60	37,34	44, 4	6,10	7, 60	50,70	58, 5	10,83	13, 35	56,53	64,30	11,37	14, 0
70	33,39	40, 0	5,00	6, 2	49,13	56, 9	10,14	12, 55	54.90	62, 70	10,34	12, 8
80	30,85	37, 18	4,30	5, 4	46,08	53, 75	8,96	11, 12	51,70	59, 50	9,14	11, 3

Cependant, dans la plupart des appareils industriels, on obtient à l'éprouvette des alcools au moins aussi riches que ce qu'indique le tableau ci-joint, surtout avec les petits appareils, parce que les parois et tuyaux exposés au rayonnement constituent en réalité un condenseur, et que la vapeur s'y enrichit, comme nous l'avons vu dans un chapitre précédent. Plus un appareil d'un type déterminé est puissant, moins sa surface rayonnante devient importante vis-à-vis du poids d'alcool dégagé par unité de temps : par suite, le degré de l'alcool décroît légèrement à mesure que la production croît, toutes choses égales d'ailleurs.

Si l'on veut se rendre compte de la vitesse d'épuisement d'un liquide alcoolique, il suffit de reprendre la formule :

$$\frac{a L_1 - e C_a}{e - a} = \frac{t_n L_{n+1} - u_{n+1} C_n}{u_{n+1} - t_n}$$

dans le cas où le rayonnement devient négligeable.

Dans le cas contraire, on peut représenter par $E R_n$ la perte de chaleur subie depuis le haut par la colonne par rayonnement pendant l'unité de temps, on a alors évidemment :

$$A C_a + V_{n+1} L_{n+1} = E (L_1 + R_n) P_n C_n$$

et la formule devient :

$$\frac{a\,(L_1 + R_n) - eC_a}{e - a} = \frac{t_n L_{n+1} - u_{n+1} C_n}{u_{n+1} - t_n}.$$

Il est clair que l'épuisement sera d'autant plus rapide que la valeur de R pour un plateau sera plus grande.

Le calcul n'étant guère plus compliqué dans un cas que dans l'autre, nous nous bornerons à la formule la plus simple, ce qui suppose implicitement que nous considérons un appareil produisant par heure une masse considérable d'alcool.

Toutefois, même dans ce cas, il faut bien remarquer que si l'influence du rayonnement est négligeable dans les premiers compartiments du haut, parce que la surface rayonnante est relativement faible, il n'en est pas absolument ainsi quand on applique le calcul aux derniers plateaux, puisque dans ce cas le rayonnement de toute la colonne intervient : aussi le calcul indique-t-il un épuisement un peu moins rapide que le montre la pratique, quand on se sert de notre table obtenue en supprimant complètement le rayonnement. Par contre, si on répète le même calcul en se servant de la table de Grüning, on trouve un épuisement beaucoup trop rapide ; mais cette table a été obtenue sans tenir

compte de l'influence perturbatrice des parois :
aussi les résultats qu'elle donne concordent-ils

Fig. 5.

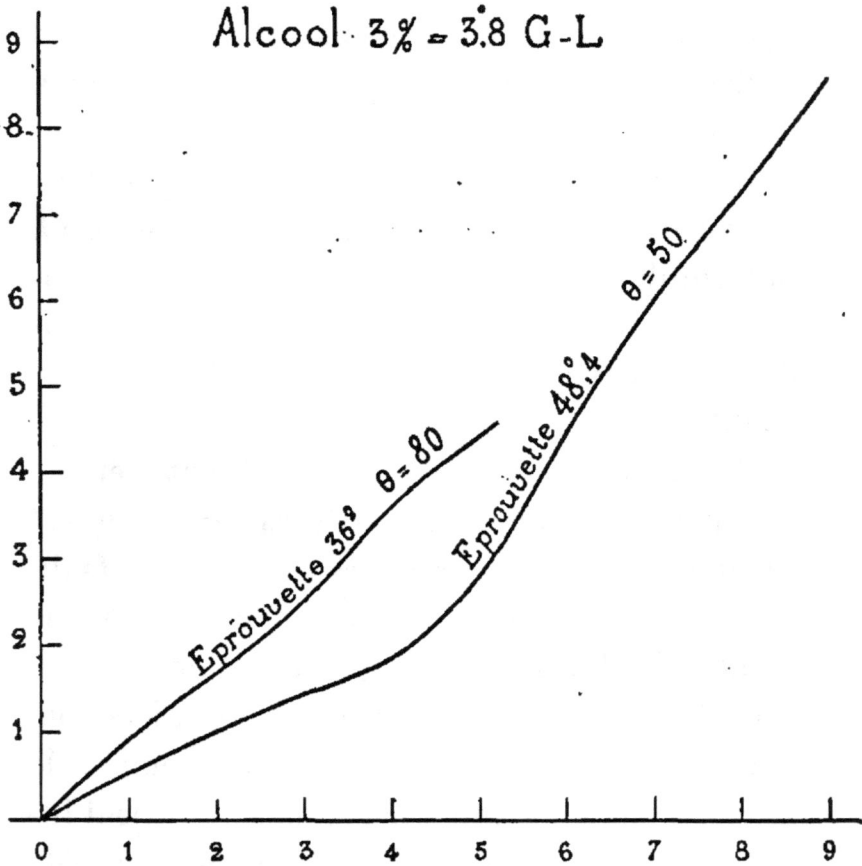

Alcool 3% = 3.8 G-L

très mal avec ce qu'on observe sur les bons appareils fonctionnant économiquement.

Les deux courbes de la *fig.* 5, montrent l'ap-
plication de la formule à deux cas :

Nous supposons toujours de l'alcool à 3 %

(3°,8 G. L.) : pour la courbe supérieure on admet que les vins entrent à 80° C, et qu'on obtient de l'alcool à 36°.

Dans le second cas, on admet que les vins entrent à 5o° C et qu'on obtient de l'alcool à 48°,4.

On lit sur la ligne des abscisses le degré Gay-Lussac de l'alcool dans un plateau, sur la ligne des ordonnées le degré Gay-Lussac dans le plateau immédiatement inférieur.

CHAPITRE X

—

DÉPENSE DE CHALEUR
DANS LA DISTILLATION CONTINUE

Considérons une colonne à distiller simple, alimentée par un vin au taux a, à la température θ_a, fournissant un alcool au titre e, nous aurons en prenant les notations ci-dessus :

$$A a = E e.$$

Si le chauffage ne se fait pas par introduction de vapeur il sortira du bas de la colonne un poids $R = A - E$ de liquide bouillant (nous supposerons que c'est de l'eau) à une température voisine de $102°$ C. Ce poids $R = A - E$ peut s'écrire $A \times \dfrac{e - a}{e}$.

Supposons que le rayonnement de la colonne est négligeable, et écrivons que toute la chaleur fournie se retrouve dans les vapeurs et l'eau résiduelle :

$$AC_a + Q = EL_1 + A \frac{e - a}{e} C_R$$

Q étant la chaleur à fournir. C_R est égal à 107,82.

Nous avons donc :

$$Q = EL_1 + A \frac{e - a}{e} \times 107,82 - AC_a$$

ou

$$Q = A \left(\frac{aL_1 + (e - a) \, 107,82}{e} - C_a \right)$$

Appliquons cette formule aux cas indiqués dans le tableau de la p. 188 : nous trouverons par 100 kilogrammes de liquide entrant :

Température de l'alcool introduit	Alcool à 3 %=3°,8 G.L.		Alcool à 7 %=8°,8 G.L.		Alcool à 10 %=12°,4 G.L.	
	Alcool à l'éprouvette	Calories	Alcool à l'éprouvette	Calories	Alcool à l'éprouvette	Calories
30°	59°	9817				
40	54	9113				
50	49, 5	8354	53°,70	11065	66°,70	11129
60	44, 4	8079	50, 70	10604	64, 30	10551
70	40	7085	49, 13	9788	62, 70	9512
80	37, 18	6694	46, 08	9327	59, 50	8902

Il est facile de voir sans longs calculs que la chaleur contenue à la fois dans la vapeur et dans les liquides sortant de la colonne est plus que suffisante pour porter le liquide entrant aux températures indiquées. Suivant le but qu'on se propose, on utilise l'une ou l'autre source de chaleur ou toutes les deux à fois. Mais il est à noter que, plus on récupérera de chaleur, plus faible sera le degré de l'alcool obtenu, ce qui peut être nuisible dans nombre de cas spéciaux.

Aussi, le plus souvent, se contente-t-on de récupérer la chaleur des vapeurs dans un condenseur où s'échauffent les liquides à distiller.

CHAPITRE XI

—

APPAREILS A FORT DEGRÉ

Dans certains cas spéciaux, surtout lorsque l'alcool doit supporter de longs voyages, il y a intérêt à l'obtenir au plus haut degré possible.

Dans notre aide-mémoire sur la *Rectification*, nous avons montré comment on peut atteindre ce but en faisant retourner dans les plateaux de la colonne de rectification une partie de l'alcool qui sort de la colonne, et nous avons montré comment on peut calculer la quantité d'alcool à condenser et à faire rétrograder pour maintenir la colonne de rectification dans l'état nécessaire à la séparation des impuretés diverses.

On peut évidemment appliquer exactement le même procédé que dans la rectification si l'on se propose, d'une part, de retenir dans des plateaux déterminés le plus possible d'impuretés de

queue pour les extraire et améliorer la qualité
du flegme à haut degré produit et, d'autre part,
d'extraire un peu au-dessous des derniers plateaux de l'alcool relativement dépouillé de corps
de tête. Dans ce cas, il faut employer à la condensation non seulement le moût, mais de l'eau,
à moins de recourir au système adopté dans les
appareils Coffey.

Nous n'avons pas à revenir sur ce point, qui
a été suffisamment traité autre part. Nous n'en-
visageons ici que les appareils ayant pour but
de concentrer l'alcool et, dans ce cas, il est d'usage
de n'employer que les moûts. Il est clair que ne
pouvant disposer que d'une source de froid limi-
tée, on n'atteindra pas les concentrations que
donne le rectificateur où l'on a une masse *ad li-
bitum* d'eau à sa disposition.

Appelons :

D, le poids de liquide alimentaire entrant par
unité de temps dans le plateau alimentaire ; d,
son titre en alcool ; C_d, sa chaleur totale ;

P, le poids de liquide descendant d'un plateau
à l'autre ; T, son titre ; C, sa chaleur totale ;

V, le poids des vapeurs s'élevant d'un plateau
à l'autre ; U, leur titre ; L, leur chaleur totale ;

(Nous numéroterons les plateaux de haut en

bas dans la colonne d'épuisement, de bas en
haut dans la colonne de déflegmation, nous met-
trons le numéro en indice pour la colonne d'épuisement, en exposant pour la colonne de déflegmation. Le plateau alimentaire aura l'indice o);

Q, le nombre de calories enlevées, tant par la
vapeur allant au réfrigérant que par la transmission au liquide dans le chauffe-vins, par kilogramme allant à l'éprouvette ;

R, la quantité de calories cédées dans le chauffe-
vins par kilogramme allant à l'éprouvette ;

E, la quantité de vapeurs allant au réfrigérant ; e, leur titre ; L_e, leur chaleur totale ;

B, la quantité de vapeurs entrant au chauffe-
vins ; b, leur titre ; L_b, leur chaleur totale ;

A, la quantité d'alcool condensé sortant du
chauffe-vins ; a, son titre ; C_a, sa chaleur totale.

Nous avons d'abord la relation évidente :

$$(1) \qquad Dd = Ee$$

qui exprime que la colonne épuise tout l'alcool.

Considérons maintenant un plateau de la colonne de déflegmation, et écrivons que la partie
supérieure est arrivée au régime permanent :

Nous avons, pour la quantité de liquides et de
vapeurs :

$$(2) \qquad V^{n-1} - P^n = E$$

de même pour ce qui concerne l'alcool absolu,

$$(3) \qquad V^{n-1}U^{n-1} - P^nT^n = Ee$$

et en ce qui concerne la permanence au point de vue des calories :

$$(4) \qquad V^{n-1}L^{n-1} = P^nC^n + EQ$$

D'où nous déduisons :

$$(5) \quad P^n = E \frac{e - U^{n-1}}{U^{n-1} - T^n} = \frac{Dd}{e} \frac{e - U^{n-1}}{U^{n-1} - T^n}$$

$$(6) \qquad \frac{e - U^{n-1}}{e - T^n} = \frac{Q - L^{n-1}}{Q - C^n}.$$

Cette dernière équation comporte toujours une solution, mais nous devons y ajouter une équation de condition évidente, à savoir que le plateau $n - 1$ doit être chargé d'alcool plus faible que le plateau n. Nous obtenons donc la valeur minima de Q en exprimant que le titre est le même : c'est-à-dire en posant :

$$(7) \qquad \frac{e - U^n}{e - T^n} = \frac{Q - L^n}{Q - C^n}$$

d'où l'on déduit :

$$(8) \qquad Q = C_n + \frac{e - T^n}{U^n - T^n} \left[L^n - C^n \right].$$

La solution de cette relation par approxima-

tions successives nous conduit aux résultats
limites suivants (v. *fig.* 6) :

Valeurs de Q	Alcool dans le plateau supérieur		Alcool dans le plateau inférieur
600	96,2		
675	96,18	35°,0	
700	96,1	45°,5	22°,8
750	96,05	55,4	16,5
800	95,95	79,0	15,0
850	95,85	85,0	13,3
900	95,80	88,7	12,2
950	95,70	90,8	11,2
1000	95,60	91,9	10,6
1050	95,50	92,2	9,9
1100	95,40	92,5	9,4
1150	95,25	92,8	8,7
1200	95,10	93,0	8,3
1250	94,60	93,7	7,9
1260	94,20		7,7
1300			7,5
1400			7,0
1500			6,3
1600			5,4

Nous pouvons assigner à Q des valeurs trop
grandes, et toujours arriver à une solution,
mais une valeur trop faible conduit à des solutions qui sont inacceptables.

Appliquons les formules ci-dessus au dernier

plateau inférieur de la colonne de déflegmation,
nous avons :

(9)
$$P' = \frac{Dd}{e} \times \frac{e - U_0}{U_0 - T'}$$

(10)
$$\frac{e - U_0}{e - T'} = \frac{Q - L_0}{Q - C'}.$$

Fig. 6

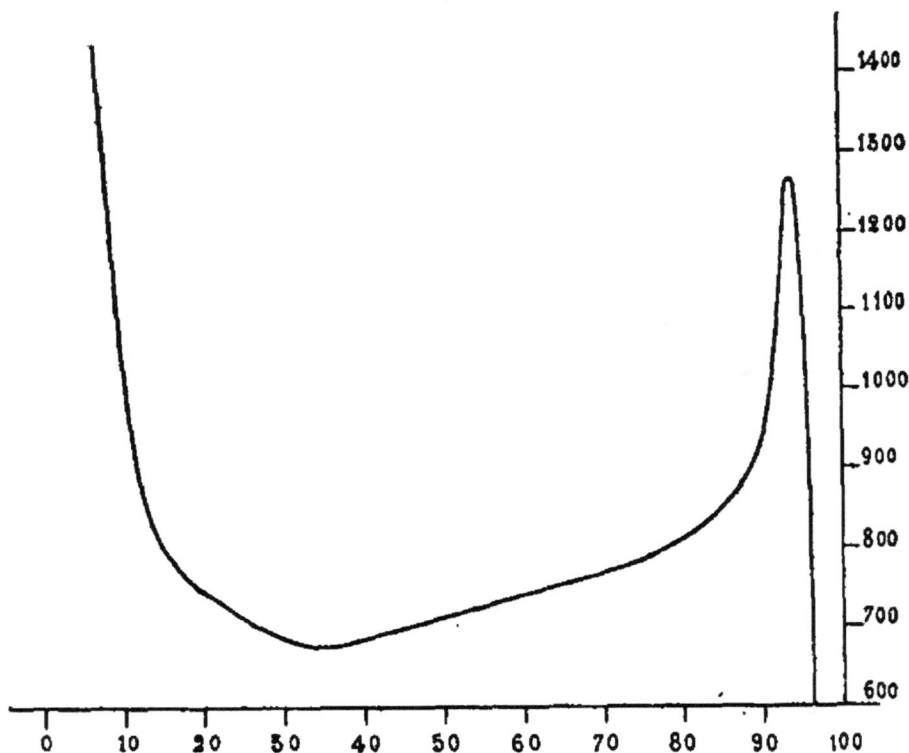

D'où nous déduisons :

(10bis)
$$T' = \frac{U_0 (Q - C') - e (L_0 - C')}{Q - L_0}.$$

D'autre part, le plateau alimentaire recevant le liquide alimentaire et les reflux P', l'équation de la colonne à distiller devient :

$$(11) \quad \begin{cases} \dfrac{\dfrac{Dd + P'T'}{D + P'} L_0 - U_0 \dfrac{DC_a + P'C'}{D + P'}}{U_0 - \dfrac{Dd + P'T'}{D + P'}} = \\ = \dfrac{T_0 L_1 - U_1 C_0}{U_1 - T_0} = \\ = \dfrac{T_n L_{n+1} - U_{n+1} C_n}{U_{n+1} - T_n} \end{cases}$$

Éliminant P' et T' entre ces trois relations, nous trouvons :

$$(12) \quad P'T' = \frac{Dd}{e} \frac{U_0 (Q - C') - e (L_0 - C')}{L_0 - C'}$$

d'où

$$(13) \quad \begin{cases} \dfrac{dQ - eC_a}{e - d} = \dfrac{T_0 L_1 - U_1 C_0}{U_1 - T_0} = \\ = \dfrac{T_n L_{n+1} - U_{n+1} C_n}{U_{n+1} - T_n}. \end{cases}$$

Il est à noter que le problème n'est pas toujours possible; en effet, il faut d'abord que l'épuisement ait lieu, ce qui peut s'exprimer en écrivant que l'alcool du deuxième plateau est au plus au degré de l'alcool du plateau alimentaire, enfin, il faut ne pas être conduit à une valeur de Q telle que le liquide alimentaire ne puisse suffire à la condensation : il ne peut

être porté au maximum qu'à la température
du dernier plateau et comme il doit toujours y
avoir un écart entre la température des vapeurs
et celle du liquide qu'elles échauffent, on peut,
prendre comme maximum la température des
vapeurs non condensées, très voisine de la
première. Or .

$$Q = L_e + R$$

R représentant la chaleur cédée au liquide alimentaire.

Si nous appelons C_i et $\dot{C}_d$, la chaleur totale
du liquide alimentaire à son entrée et à la température des vapeurs allant au réfrigérant, le
maximum de Q est donné par la relation :

$$EQ = EL_e + D (C_d - C_i)$$

d'où

(14) $$Q = \frac{dL_e + e (C_d - C_i)}{d}$$

Nous arrivons, en remplaçant Q par ce maximum et $\dot{C}_d$ par sa valeur quand le liquide est
bouillant à la relation limite :

(15) $$\begin{cases} \frac{e - d}{d} \left[dL_e - e (C_a - C + C_i) \right] = \\ = \frac{T_0 L_0 - U_0 C_0}{U_0 - T_0} \end{cases}$$

De la valeur maxima de Q fournie par la relation (14) et de la courbe (*fig.* 6), nous déduisons le

titre le plus élevé que l'on puisse obtenir dans le plateau supérieur de la colonne de déflegmation.

Or, pour qu'il y ait régime permanent dans la colonne, il faut que les vapeurs fournies par ce plateau se divisent en vapeurs allant au réfrigérant avec le titre e et en reflux ayant au moins le titre du contenu de ce plateau, sinon on ne pourrait maintenir la marche. Or, nous avons

$$B = A + E$$

ou, en posant

$$A = \beta B,$$

$$(16) \qquad E = B(1\ \beta)$$

$$Bb = Aa + Ee$$

ou

$$(17) \qquad b = a\beta + e(1 - \beta).$$

De même :

$$(18) \qquad L_b = \beta C_a + (1 - \beta)(R + L_e) ;$$

d'où enfin

$$(19) \qquad \beta = \frac{e - b}{e - a} = \frac{R + L_e - L_b}{R + L_e - C_a},$$

Donnant à R sa valeur maxima $\dfrac{e(C_d - C_i)}{d}$,

nous trouvons :

$$(20) \qquad \beta = \frac{e - b}{e - a} = \frac{e(C_d - C_i) - d(L_b - L_e)}{e(C_d - C_i) + d(L_e - C_a)}$$

relation dans laquelle a a pour minimum le titre du liquide dans le dernier plateau. Quant à la valeur de C_a, nous pouvons lui donner comme minimum la température initiale du liquide entrant au chauffe-vins : au reste, une erreur sur C_a influe peu, et nous pouvons le calculer pour une température de 50°.

Ceci posé, prenons quelques exemples :

Alcool introduit		Alcool à l'éprouvette		Q d'après (14)		Titre maximum correspondant	
				Températ. initiale		Températ. initiale	
Degré	Degré	Degré	d	15°	30°	15°	30°
15°	12,18	96°	93,89	851	724	85°,1	54°,3
//	//	94	91,01	846	722	84, 7	53, 6
//	//	92	88,38	844	728	84, 6	53, 2
//	//	90	85,76	839	719	84, 0	52, 5

Alcool introduit		Alcool à l'éprouvette		Titre minimum déduit de (20)		Titre des reflux	
				Températ. initiale		Températ. initiale	
Degré	Degré	Degré	d	15°	30°	15°	30°
15°	12,18	96°	93,89	95°,65	imp.	95°,7	imp.
//	//	94	91,01	93	imp.	93, 3	imp.
//	//	92	88,38	< 83°	60	< 85°,5	65,5
//	//	90	85,76	< 75	50	< 79, 2	60,5

On voit qu'on ne peut dépasser sensiblement 92° à l'éprouvette si le liquide à distiller entre à 15°, et 90° s'il entre à 30°.

Un calcul analogue montre qu'avec des liquides à 9° on ne peut dépasser 95° dans le premier cas et 93 dans le second.

Enfin, avec des liquides à 4° on peut atteindre facilement 96°.

Etudions maintenant la marche d'un appareil à fort degré : supposons qu'il soit alimenté avec du vin à 5° $= 4\,^0/_0$ entrant à 30°C, et qu'on veuille obtenir de l'alcool à 95°.

Admettons que les liquides sortant du chauffe-vins entrent à la colonne par suite de pertes quelconques de chaleur à 60°. L'équation (13) ne peut se résoudre qu'en donnant à Q la valeur minima 1675. Nous lui donnerons la valeur 1 700.

L'équation (14) nous donne comme valeur de G_a : 90,20, d'où nous déduisons comme température de sortie des liquides du chauffe vins 83°,25.

L'équation (19) nous donne comme solution acceptable 89°,80 pour le degré au plateau supérieur et 91° à la rétrogradation du chauffe-vins, et nous trouvons pour β, la valeur 0,84.

Écrivons maintenant que le régime du plateau supérieur est permanent :

$$A + V^{n-1} = B + P^n$$
$$A_a + V^{n-1}U^{n-1} = Bb + P^nT^n$$
$$AC_a + V^{n-1}L^{n-1} = BL^n + P^n C^n;$$

d'où, en éliminant P^n et V^{n-1} et nous rappelant que $A = B\beta$,

$$(21) \quad \frac{L^{n-1} - C^n}{L^n - C^n - \beta(C_a - C^n)} = \frac{U^{n-1} - T^n}{b - T^n - \beta(a - T^n)}$$

Le second plateau est à $89°,37$.

Nous pouvons dès lors appliquer la formule (6), puisqu'à partir de ce plateau les reflux sont à la température d'ébullition ; les résultats sont fournis par la branche supérieure de la courbe, *fig.* 7, dans laquelle, comme toujours, les abscisses donnent le degré du plateau immédiatement inférieur.

Cette courbe arrête sa partie utile à l'abscisse $15°$, correspondante à l'ordonnée $12°,4$.

À partir de ce point nous devons appliquer la formule (13) relative à la colonne d'épuisement, et nous observons un décrochement brusque comme c'était à prévoir.

Notons l'inclinaison forte de la courbe relative à la colonne d'épuisement, aussi, quoique l'appareil reçoive un liquide beaucoup plus riche que dans les colonnes ordinaires, l'épuisement se fait avec le même nombre de plateaux.

Les reflux de la colonne à concentrer sont à 15°; l'équation (9) nous donne pour valeur de P' :

$$P' = D \frac{4}{92,46} \cdot \frac{92,46 - 48,85}{48,85 - 12,18} = D \times 0,051$$

Nous sommes maintenant à même de calculer la consommation de chaleur de la colonne à fort degré dans le cas que nous venons d'étudier en détail.

Les quantités de liquide introduites sont :

$$D \text{ à } 60° \text{ et } P' \text{ à } 91°,36$$

Supposons, comme dans le cas de la distillation simple, que le chauffage se fasse sans qu'il y ait introduction directe de vapeur dans les liquides de la colonne, et que les résidus sortent à une température de 102°.

Appelons x, la quantité de calories nécessaire pour dégager sous forme d'alcool à 95° la totalité de l'alcool contenue dans 100 kilogrammes de liquide à 5°.

La somme des calories introduites sera :

$$x + 100 \, C_\alpha + 51 \, C'$$

La somme des calories extraites sera, puisque le liquide du plateau alimentaire est à $12°,4$

$$\left(\frac{100 \times 4 + 5,1 \times 12,18}{48,85}\right) L_{12,4} + 100 \left(1 - \frac{4}{92,46}\right) C_0,$$

expression dans laquelle C_0 représente la chaleur totale depuis o d'un liquide à o °/₀ d'alcool porté à la température de 102.

Si l'appareil est supposé à l'abri du rayonnement, nous aurons la valeur de x en égalant ces deux expressions. Nous en déduisons : $x = 7845$.

Si, au lieu de renvoyer les produits condensés dans une colonne de déflegmation, on alimente une colonne à distiller avec des liquides à 5° chauffés à 60°, comme dans l'exemple précédent, on aura des vapeurs à 49° et la dépense de chaleur sera de 8 190 calories.

Ainsi, s'il y a différence, elle est en faveur de l'appareil à fort degré, pourvu que le nombre des plateaux de déflegmation soit suffisant.

Voyons maintenant quel est le résultat d'un passage des liquides à distiller, dans une pièce où ils se réchauffent aux dépens de la chaleur entraînée par les résidus. Supposons qu'on les ait ainsi amenés à la température de 95°.

L'équation (13) donne, pour valeur de Q, 1950,

pour titre au plateau alimentaire 6°, pour titre
au deuxième plateau 5°.

De l'équation (14) on déduit $C_d - C_i = 75,13$.
Admettons, comme dans l'exemple précédent,
que les liquides entrent à 30°, apportant 29,54
calories, nous trouvons pour C_d, 104,67 calories,
ce qui donne pour la température des liquides à
la sortie du chauffe-vins 95°,13.

Admettant, comme ci-dessus, que les liquides
condensés au chauffe-vins rentrent à la colonne
de déflegmation à la température de 60° : nous
trouvons comme titre maximum au plateau
le plus élevé du déflegmateur 94°,5 et comme
titre des reflux 94,65 : la proportion des reflux
est 0,20.

Le dernier plateau de la colonne de déflegmation est à 14°,4. Par suite, le poids des reflux rentrant dans la colonne d'épuisement est :
$D \times 0,135$, et la dépense minima de chaleur est
9 034 calories.

·Ainsi, tandis que l'emploi d'un récupérateur
de chaleur procure, dans le cas de la distillation
simple, une économie notable de chaleur, il n'en
est pas de même dans le cas de la production
d'alcool à fort degré, pourvu qu'on veuille avoir
la même richesse à l'éprouvette.

Considérons maintenant le cas inverse : c'est-à-

dire celui où le liquide alimentaire entre sans
être échauffé. Il faudra naturellement employer
un condenseur alimenté par de l'eau : nous pour-

Fig. 7

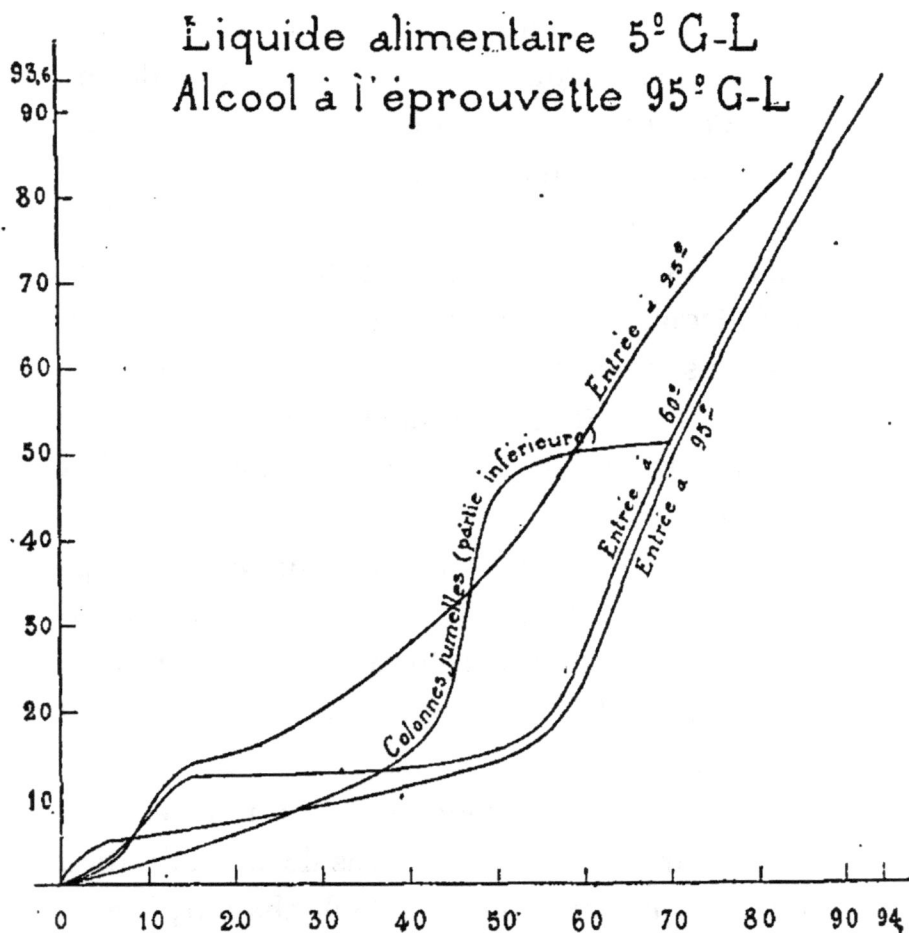

Liquide alimentaire 5° G-L
Alcool à l'éprouvette 95° G-L

rons y utiliser l'eau qui a servi au réfrigérant.
Nous admettrons que le liquide à distiller entre
dans l'appareil à 25°. Dans ces conditions, nous

trouvons comme valeur acceptable pour K la valeur 800°; le plateau alimentaire est à 15° et le
plateau immédiatement inférieur à 13°,7.

Si nous admettons comme ci-dessus que les
reflux du condenseur sont à la température de
60°, le plateau supérieur de la colonne de déflegmation peut être à 83°,5 G. L. et recevoir des
reflux à 84°.

La courbe supérieure de la *fig.* 7 nous donne
la succession des titres dans les plateaux. Le
dernier plateau de la colonne de déflegmation
est à 20°,4, et laisse rétrograder $D \times 0,0452$.

La consommation de chaleur par 100 kilogrammes de liquide alimentaire est élevée à
11 405 calories.

Il y a donc lieu de rejeter les types d'appareils
à fort degré où, pour faciliter la production d'alcool fort, avec un petit nombre de plateaux, on
alimente de liquide froid.

Dans ce qui précède, nous avons étudié les
appareils où, pour obtenir du degré économiquement, on emploie à la colonne de déflegmation
le nombre de plateaux nécessaires, et où l'on
cherche à ne condenser que la quantité de vapeurs strictement indispensable. Les chiffres que
nous avons trouvés donnent donc le minimum
de la dépense de chaleur, et les courbes annexées

indiquent, dans chaque cas, le nombre minimum de plateaux à employer.

Dans d'autres types d'appareils, dérivés du type Champonnois, on supprime complètement les plateaux de déflegmation, et l'on obtient de l'alcool à 84° en faisant directement rentrer le reflux du chauffe-vins dans le plateau alimentaire.

La marche de ces appareils dépend naturellement de la puissance de leur chauffe-vins. Supposons donc qu'un vin à 5° entre au chauffe-vins à 25° et en sorte à 60° ; chaque kilogramme de vin aura gagné 39,13 calories. Nous aurons la chaleur transmise par la formule :

$$ER = D \times 39,13$$

et comme

$$E = \frac{Dd}{e}$$

$$R = \frac{39,13 \times 78,29}{4} = 765,9$$

Nous avons donc Q $=$ R $+$ L$_e$ $=$ 765,6 $+$ $+$ 347,7 $=$ 1 113,6.

La relation (19) nous donnera les valeurs acceptables du titre dans le premier plateau et des reflux quand nous nous serons donné la température des reflux, et comme celle-ci a peu d'influence, nous pouvons sans erreur appréciable la fixer à l'ébullition.

Nous trouvons ainsi comme valeurs acceptables : titre du premier plateau, 8° ; titre des reflux, 15° et $\beta = 0,60$.

Nous avons d'autre part :

$$E = \frac{Dd}{e} = B (1 - \beta)$$

d'où

$$B = D \frac{d}{e (1 - \beta)} = D \times 0,128$$

$$A = B\beta = D \frac{d\beta}{e (1 - \beta)} = \times 0,0768.$$

Ceci posé, nous pouvons calculer la dépense de ce type d'appareils par 100 kilogrammes de liquide alimentaire.

Si nous appelons x, le nombre de calories nécessaires ; il entre dans l'appareil le nombre de calories suivant :

$$x + 100 \times 62,9 + 7,68 \times 98,10$$

il en sort :

$$12,8 \times 504 + \left(100 - \frac{4}{0,7829} \right) 107,2$$

d'où $x = 9\,579$ calories.

Supposons maintenant qu'on intercale entre le chauffe-vins et le plateau alimentaire des plateaux de déflegmation, et que le vin entre à 54°.

Nous trouvons $Q = 1\,200$, le plateau alimentaire est à 13° et le deuxième plateau à 11,75.

Le dernier plateau de la colonne de déflegmation est à 43°, c'est du reste le seul plateau nécessaire, la rétrogradation du chauffe-vins est à 68°, et représente 0,71 des vapeurs entrant au chauffe-vins.

L'unique plateau de déflegmation renvoie à la colonne

$$P' = D \times \frac{4}{78,29} \times \frac{1\,200 - 461}{461 - 85,33} = D \times 0,105$$

Il entre donc dans la colonne d'épuisement pour 100 kilogrammes de liquide alimentaire, le nombre de calories suivant :

$$x + 100 \times 56,06 + 10,5 \times 85,33$$

et il en sort ;

$$\frac{100 \times 4 + 10,5 \times 36,08}{65,53} \times 397,1 +$$

$$+ 100 \left(1 - \frac{4}{78,29}\right) 107,2$$

d'où

$$x = 8\,388 \text{ calories.}$$

On voit quel intérêt énorme présente l'addition du tronçon déflegmateur, puisqu'il procure une économie de 1 632 calories par 100 kilogrammes de liquide alimentaire.

Dans les appareils précédents, la condensation se produit dans le chauffe-vins, constituant un or-

gane indépendant établi à un niveau supérieur
à celui de la colonne, et la rétrogradation revient
se mélanger au liquide alimentaire. Ces disposi·
tions ne sont pas absolument nécessaires. On
peut tout aussi bien mettre la colonne de dé-·
flegmation à côté de la colonne d'épuisement, et
épuiser à part les reflux de cette colonne, ou les·
renvoyer avec le liquide alimentaire.

Examinons le cas où la seconde colonne épuise
les reflux.

Supposons que la première colonne reçoive
des moûts à 5° portés à la température de 6o°,
nous avons vu que la colonne fournira de l'alcool à 49°, et dépensera par 100 kilogrammes de
liquide alimentaire 8 190 calories.

La dépense de vapeur sera donc, pour la colonne d'épuisement seule, un peu supérieure à
la dépense de l'appareil à fort degré normal. Cal-
culons maintenant la dépense de la deuxième
colonne.

Notre équation (13) (p. 202) devient :

$$\frac{41{,}59\,Q - 92{,}46 \times 492{,}4}{92{,}46 - 41{,}59} = \frac{T_0 L_1 - U_1 C_0}{U_1 - T_0}.$$

Cette relation se trouve satisfaite quand on·
donne à Q la valeur 1 710, et que le premier
plateau d'épuisement titre 51° et le second 46°.

Les deux membres de la relation ci-dessus ont
pour valeur 5o3.

Le dernier plateau de la colonne de déflegmation titre 70°, le poids des reflux est donc :

$$P^1 = D \times \frac{4}{92,46} \times \frac{1\ 710 - 386,4}{386,4 - 74,65} = D \times 0,183$$

La partie de la colonne jumelle où se fait
l'épuisement reçoit donc les calories suivantes
pour 100 kilogrammes de moût distillé

$$x + \frac{100 \times 4}{41,59} \times 492,4 + 18,3 \times 74,65$$

et perd :

$$\frac{100 \times 4 + 18,3 \times 62,49}{43,47} \times 386,4 +$$

$$+ \frac{100 \times 4}{41,59} \left(1 - \frac{41,59}{92,46}\right) 107,2$$

d'où

$$x = 6\ 299 \text{ calories.}$$

La dépense totale est donc 8 190 + 6 299 =
= 14 489, c'est-à-dire sensiblement le double de
la dépense dans la colonne à fort degré simple.

Par suite, si la disposition du local ne permet
pas de placer la colonne de déflegmation sur la
colonne d'épuisement, il convient de laisser retourner ses reflux dans le liquide alimentaire, et
de les envoyer avec eux dans la colonne d'épui-

sement plutôt que d'épuiser les reflux dans une colonne jumelle.

Nous donnons (*fig.* 7) l'allure de l'épuisement dans la colonne jumelle étudiée ci-dessus.

Les formules (9) et (10bis) montrent que les reflux de la colonne à fort degré sont indépendants de la façon dont s'est faite la condensation, si la valeur de Q reste constante. Comme la dépense de calories ne dépend que de ces reflux et du titre au plateau alimentaire, on peut faire la condensation comme l'on veut. Nous n'aurons donc pas à revenir sur le calcul de la dépense des appareils Coffey, qui doivent, à ce point de vue, être traités comme deux colonnes jumelles où les reflux du fort degré rentrent à l'alimentation.

Il est à noter que, dans tout ce qui précède, nous avons toujours cherché la valeur minima de Q, et par suite les titres au plateau alimentaire donnant les dépenses les plus faibles. Nous avons été amenés, par suite, à adopter des types d'appareils comportant soit à l'épuisement, soit à la déflegmation un nombre considérable de plateaux. Enfin, nous avons supposé que le système de déflegmation se suffisait à lui-même avec les calories que peut absorber le liquide à distiller, sans atteindre la température d'ébullition.

Nous n'avons pas la prétention d'avoir embrassé tous les cas, mais nous pensons qu'on peut, avec un peu de patience, appliquer à chaque cas la méthode d'étude que nous avons donnée et en faire la critique.

Le lecteur constatera que grande est l'erreur de Dœnitz, dans ses articles sur la distillation parus dans le *Zeitschrift der Spiritus Industrie* où il admet que le titre au plateau alimentaire, et celui des reflux de la colonne de déflegmation sont identiques au taux du liquide alimentaire.

De même, il rejettera l'opinion d'un auteur français ([1]) qui pose en théorème que la chaleur absorbée au chauffe-vins d'un appareil à fort degré se trouve en réalité perdue. Nous avons vu que certains appareils à fort degré peuvent être plus économiques que les *appareils à distiller ordinaires*.

([1]) EMILE BARBET. — *Les appareils de distillation et de rectification* (1890).

CHAPITRE XII

—

DESCRIPTION DE QUELQUES APPAREILS
A DISTILLER CONTINUS

D'après ce que nous avons vu dans les chapitres précédents, le nombre des plateaux d'un appareil à distiller continu peut varier notablement avec la consommation de chaleur à laquelle on consent.

Plus le nombre de plateaux sera considérable, plus la consommation de vapeur sera faible, et plus le degré de l'alcool obtenu sera élevé pour une même température du moût à l'entrée.

Nous ne pouvons donc fixer de règles absolues, nous dirons seulement que, pour ne pas dépasser les consommations indiquées ci-dessus, et épuiser sûrement le liquide, il faut que la colonne d'épuisement ait en moyenne 18 plateaux, auxquels il convient d'en ajouter 3 ou 4 par raison de sécurité.

Il est à noter que, si l'on construit la courbe d'épuisement pour divers titres du liquide alimentaire, les courbes diffèrent notablement les unes des autres, mais qu'on en déduit cependant un nombre de plateaux presque identique. Ce n'est donc pas la hauteur de la colonne, mais bien sa section transversale qui variera si les vapeurs ont une résistance à vaincre. Si, au contraire, comme dans le type d'appareil horizontal dont il sera question plus loin, la vapeur et les liquides circulent sans résistance, le même appareil pourra épuiser un liquide de richesse quelconque, ce qui, du reste, se vérifie bien en pratique.

Dans les plateaux successifs, le liquide doit non seulement être porté à l'ébullition, mais encore il doit être mis en contact intime avec les vapeurs provenant du plateau inférieur pour que l'échange par diffusion se produise assez vite. Il faut donc forcer la vapeur à barbotter dans le liquide, et obliger celui-ci à présenter, en quelque sorte, toutes ses parties aux bulles de vapeur. Enfin, comme les liquides à distiller ne sont jamais absolument limpides, ou se troublent sous l'action de la chaleur et par suite du départ de l'alcool, il convient que les plateaux soient d'un

Fig. 8

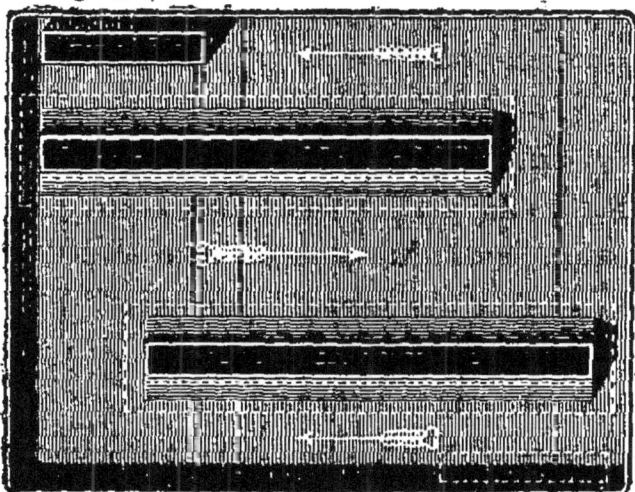

nettoyage facile, sans qu'il soit besoin de démon-

Fig. 9

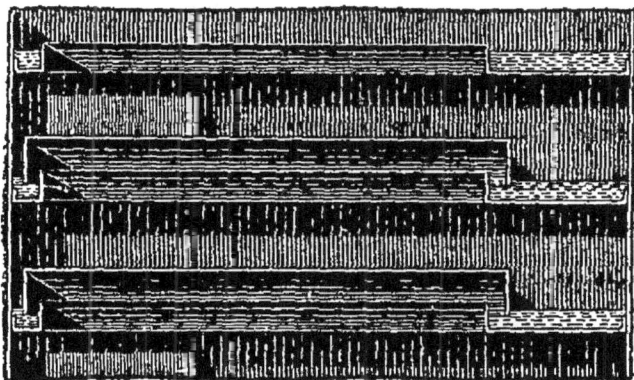

ter l'appareil chaque fois qu'on veut procéder à ce nettoyage.

Sous ce rapport la colonne rectangulaire satis-fait bien à la question (*fig.* 8, 9, 10).

Les longues calottes qui règnent à l'intérieur
forcent la vapeur à traverser en lames minces le

Fig. 10

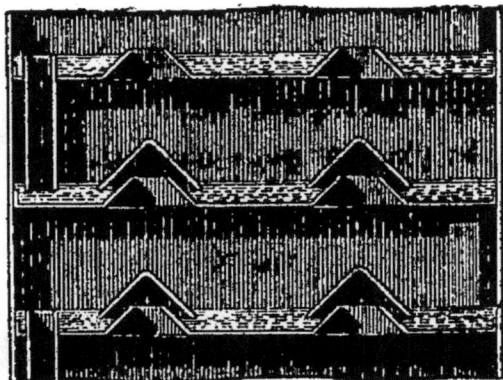

liquide à épuiser ; celui-ci est partout agité et ne
peut pas facilement faire de dépôts ; le nombre

Fig. 11

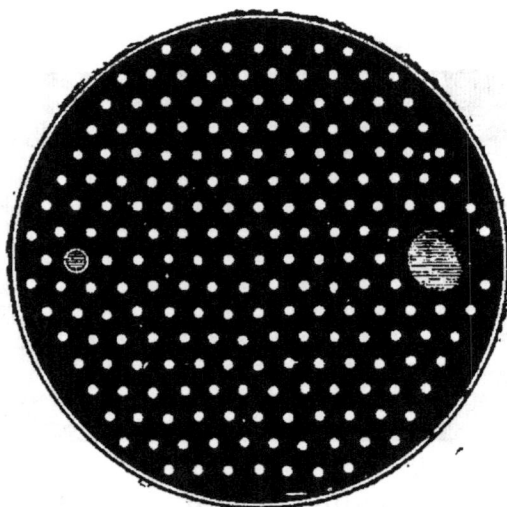

de calottes est faible : il est donc facile de les re-
gler : enfin, la forme droite des calottes permet

de disposer des regards d'où on puisse tout net-
toyer.

D'autres types sont employés ; grande calotte
unique, découpée en étoile à plusieurs rayons
pour augmenter la longueur de la lame de vapeur : calottes multiples, etc.

Enfin, le plateau peut être perforé de nombreux petits trous (*fig.* 11 et 12), à travers les-

Fig. 12

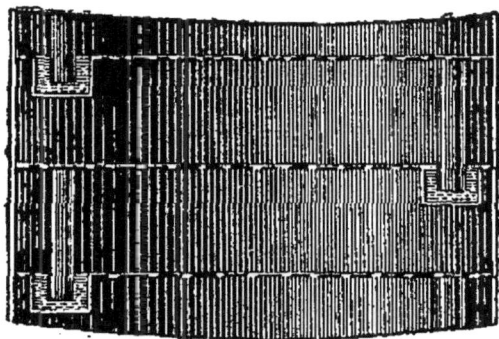

quels la vapeur est obligée de passer en soule-
vant le liquide.

Dans tous ces appareils, le niveau du liquide
est maintenu à un niveau constant par un trop
plein de large dimension : ce trop-plein se
continue en dessous par un tuyau qui plonge
dans le liquide du compartiment inférieur, pour
empêcher la vapeur de passer par cet orifice au
lieu de barbotter dans le liquide.

Il convient de donner à chaque compartiment

une hauteur suffisante pour que le liquide sou-
levé, et parfois légèrement émulsionné par la
vapeur, ne soit pas entraîné dans les plateaux

Fig. 13

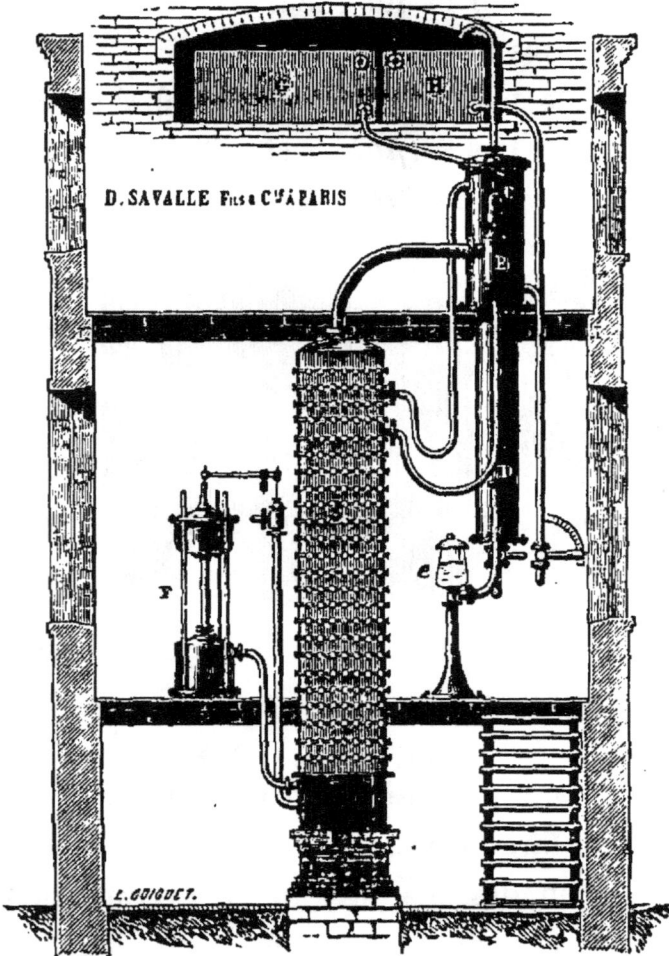

D. SAVALLE Fils & Cⁱᵉ À PARIS

L. GUIGUET.

supérieurs : il résulterait un affaiblissement de
degré notable.

La *fig.* 13 montre l'ensemble d'une colonne à distiller ordinaire.

Les liquides à distiller sont emmagasinés dans un *bac à vins* à niveau constant, placé au point le plus élevé de l'usine. De là, grâce au jeu d'un robinet à cadran placé sous la main de l'ouvrier distillateur, ils pénètrent dans le bas du *chauffe-vins*, constitué généralement par un corps tubulaire vertical : ils s'y échauffent en condensant une partie des vapeurs alcooliques et se débarrassent en même temps de la majeure partie de l'acide carbonique dissous. Ce gaz est conduit par un tube barbotteur dans le bac à vins pour se dépouiller des vapeurs d'alcool entraînées.

Du chauffe-vins le liquide pénètre dans le second compartiment de la colonne à distiller, et descend d'étage en étage. Le premier compartiment sert de rehausse pour retenir la majeure partie du moût entraîné par les vapeurs. Puis celles-ci traversent un purgeur (*brise-mousses*) où elles achèvent de se sécher, et pénètrent enfin dans le chauffe-vins, qu'elles traversent de haut en bas. Elles s'y condensent partiellement ; enfin liquide et vapeurs arrivent à un réfrigérant et sortent par une éprouvette qui permet de contrôler le débit et le degré.

La colonne à fort degré (*fig.* 14) ne diffère de

la précédente qu'en deux points : 1° la colonne

Fig. 14

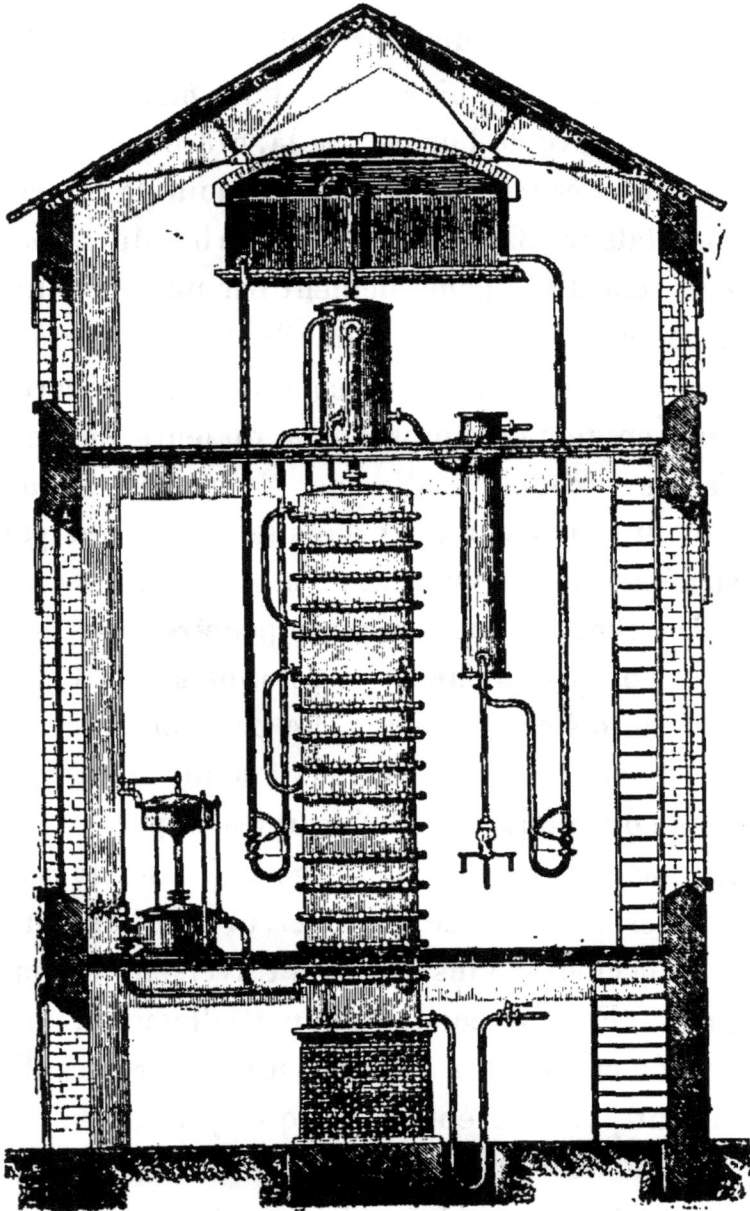

à distiller continue est surmontée d'un certain
nombre de plateaux de déflegmation : 2° un tube
en syphon renversé ramène au plateau supérieur
de déflegmation tout ou partie de la condensation produite au chauffe-vins.

Pour mettre une colonne à distiller continue
en route, on commence par remplir le chauffe-
vins, puis on donne de la vapeur, sans alimenter jusqu'à ce que le liquide du chauffe-vins soit
chaud : on évite ainsi des condensations brus-
ques dans la colonne.

A partir de ce moment, on règle progressivement le débit du liquide et de la vapeur ; on voit
bientôt le titre des produits recueillis s'élever :
il n'y a plus qu'à s'assurer qu'on ne perd pas
d'alcool dans les vinasses ce qui indiquerait une
alimentation trop forte ou une arrivée de vapeurs insuffisante. On vérifie que la colonne ne
s'engorge pas par suite d'une distribution de
liquide exagérée. Bientôt le titre devient constant, et la colonne est réglée, jusqu'à ce qu'elle
vienne à être partiellement obstruée par des
dépôts.

Pour arrêter, on alimente avec des vinasses
qui, plus denses que le vin, en débarrassent le
chauffe-vins, on attend que le titre tombe à o° à
l'éprouvette, on laisse refroidir et on lave.

On conçoit que l'arrivée de la vapeur doit se
faire d'une façon absolument régulière, quelles
que soient les variations de pression qui se puis-
sent produire dans les conduites. On a imaginé
pour cela un grand nombre de régulateurs, dont
le plus ancien et le plus répandu est le régulateur de Savalle (*fig.* 3) décrit plus haut.

Cet appareil peut être modifié facilement pour
permettre l'emploi de la vapeur d'échappement
des machines et ne donner une quantité notable
de vapeurs directes du générateur que si on
manque de vapeurs d'échappement.

Les liquides à distiller peuvent varier de titre
d'une cuve de fermentation à l'autre : d'autre
part, il est mauvais d'arrêter la colonne à distiller ou de forcer brusquement sa marche pour
suivre l'allure de l'atelier de fermentation : il est
préférable de régler l'admission de la vapeur
suivant la marche de l'atelier.

Il suffit pour cela de rendre variable la pression de régime du régulateur : si le flotteur ne
peut agir sur la soupape que sous l'influence
d'une pression plus forte, il passera plus de vapeur dans la colonne et l'appareil pourra distiller plus de liquide : dans le cas contraire la
production sera ralentie.

La *fig.* 4 montre la disposition du régulateur

automatique Savalle à régime variable. Il diffère
du précédent par l'adjonction d'un vase communiquant dans lequel se meut un tube passant en
bas par un presse-étoupes, et percé en haut de
deux longues lumières : ce tube est commandé
de l'extérieur par une vis que l'on actionne à la
main. Si l'on veut donner plus de vapeur, ce
qui se traduit par une pression plus élevée dans
la colonne, il suffit de baisser ce tube, l'eau
s'écoule et le flotteur ne peut agir sur la soupape
que lorsqu'une pression plus forte s'est établie :
on peut donc épuiser un plus grand volume de
liquide, ou un même volume de liquide plus
riche dans le même temps : Inversement, si l'on
veut diminuer le passage de vapeur, on relève
le tube et on verse dans la bâche supérieure de
l'eau jusqu'à ce que le niveau devienne constant
dans la bâche inférieure.

La pression de vapeur dans le bas de la colonne est la somme des résistances dans tout
l'appareil : on peut distinguer la résistance sta-
tique due à ce que les barbotteurs de chaque
plateau sont immergés d'une quantité donnée,
la résistance dynamique due à ce que la vapeur
doit passer par les barbotteurs, enfin une résistance beaucoup plus considérable due au frotte-
ment de la vapeur dans les tuyaux de sortie.

4

On fait varier cette dernière pour rendre le régulateur sensible. Pour cela, dans beaucoup d'appareils, on intercale dans la communication entre le chauffe-vins et le réfrigérant un disque en cuivre percé d'un trou de calibre convenable. Si la résistance doit varier notablement, par exemple, si le même appareil doit tantôt fournir des flegmes à 45-50°, tantôt donner de l'alcool à 90-95°, le volume de vapeurs allant à l'éprouvette sera très différent et il faudra faire varier la résistance du disque. On y parvient en remplaçant ce disque simple par une plaque de bronze percée d'un orifice circulaire dans lequel on peut enfoncer plus ou moins un cône en bronze commandé par une vis dont le volant se meut devant un repère. Plus la section du cône engagé dans le trou de la plaque sera grande et plus vite le régulateur restreindra le passage de la vapeur : on arrivera donc par l'emploi simultané du régulateur à régime variable et du disque variable à satisfaire à toutes les conditions de marche.

Dans tout ce qui précède, nous avons supposé qu'il n'y a aucune difficulté à faire circuler le liquide à distiller dans les compartiments successifs de l'appareil. Il n'en est pas toujours ainsi, par exemple quand les vinasses ont une

valeur nutritive, comme les produits de la fermentation des grains et des pommes de terre, et
où cette valeur nutritive est d'autant plus élevée
que les moûts sont plus concentrés.

Dans ce cas les appareils ordinaires, même la
colonne rectangulaire, sont exposés à s'obstruer
et l'on a dû chercher des types spéciaux.

Fig. 15

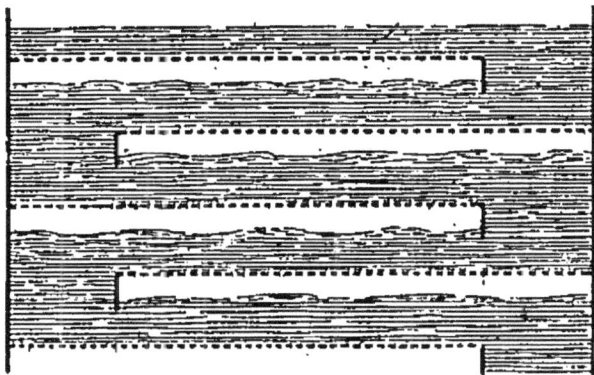

La *fig.* 15 *schématique* représente 1 type de
l'appareil Collette, qui a beaucoup de rapports
avec l'appareil Siemens. Ici plus de plateaux li-
mitant des compartiments isolés, la colonne est
absolument pleine de moûts : la vapeur y circule
de bas en haut à travers de petits orifices percés
dans des plateaux de séparation : ceux-ci sont
repliés vers le bas de façon à former sous chacun d'eux une chambre de vapeur, où celle-ci
acquiert, sous la pression du liquide, la tension

nécessaire pour forcer le passage de ces petits
orifices. On obtient ainsi un barbottage énergique ;
et les masses pâteuses employées ne peuvent se
déposer : au point de vue de l'épuisement, le problème est assez bien résolu ; mais il y a dans cette
masse mi-partie liquide, mi-partie aériforme,
des entraînements mécaniques importants, qui
abaissent le degré du liquide en haut de la
colonne et causent une dépense considérable.

Plus radicale encore est la solution adoptée

Fig. 16, 17, 18

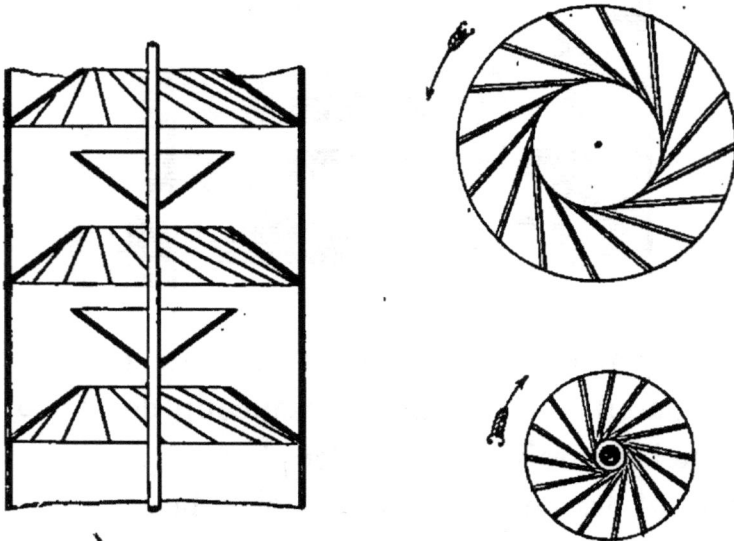

en Allemagne par Ilgès, il n'y a plus de plateaux, plus de chambre de vapeur ; la colonne
est complètement pleine ; mais on y voit (*fig.* 16
à 18) des cloisons coniques, les unes partant de

l'axe, les autres de la circonférence, munies de nervures en sens inverse qui ont pour but de retenir le liquide et de l'empêcher de participer au mouvement ascensionnel des bulles de vapeur. On conçoit que ce but est assez mal rempli et que le liquide épuisé est toujours en partie ramené en haut. Aussi ce type d'appareil ne donne-t-il d'alcool concentré que sous la condition que les moûts y entrent froids et consomme-t-il une quantité de vapeur très supérieure à celle que nous avons calculée dans le chapitre précédent.

Pour le travail des moûts épais, le directeur technique de la maison Savalle a créé récemment un type d'appareil tout nouveau, et qui se prête d'ailleurs au traitement de tous les moûts. Cet appareil est horizontal et n'oblige donc plus à la construction des énormes bâtiments auxquels on reconnaît la distillerie habituelle. Il recopie exactement le fonctionnement des colonnes à distiller cloisonnées, avec cette différence que le liquide est présenté en nappes minces au courant de vapeurs, au lieu que celles-ci soient obligées de barbotter dans le liquide (*fig.* 19).

On arrive à ce résultat en faisant tourner dans le liquide des disques montés sur des arbres de couche : ces disques entraînent le liquide par

capillarité et lui permettent de se mettre en
équilibre de tension avec le courant de vapeurs.

Fig. 19

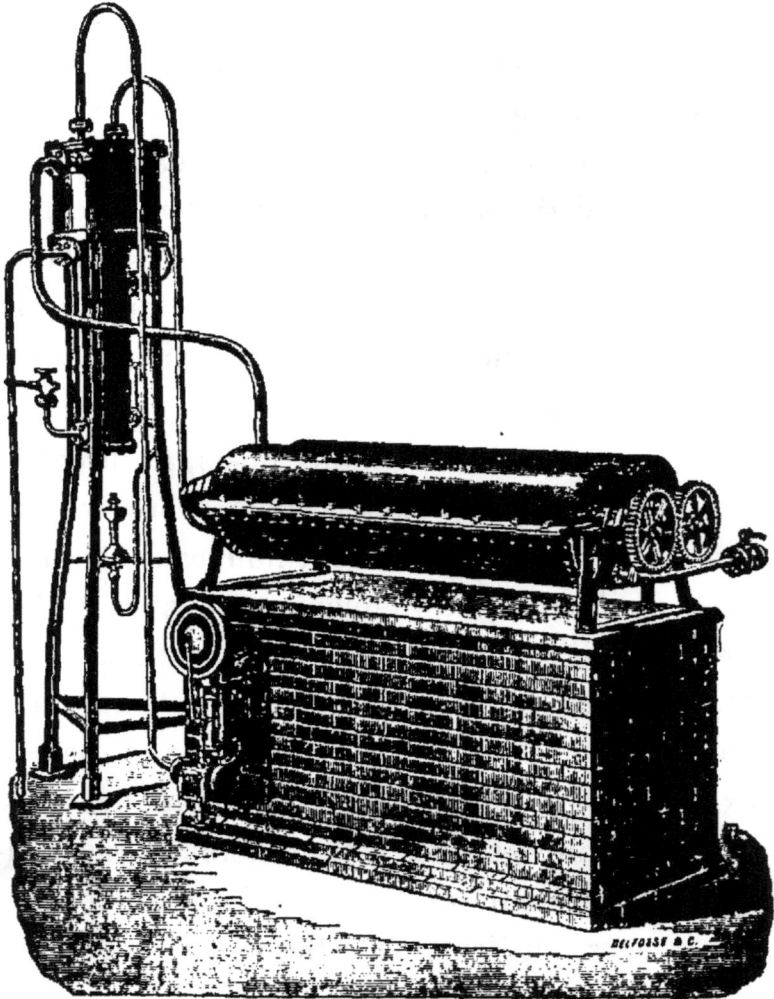

D'autre part, le vase où se meuvent les disques
est divisé par des cloisons en autant de compar-

timents qu'il y a de disques sur chaque arbre :
ces cloisons sont percées autour des arbres par
de larges orifices qui laissent librement circuler
la vapeur, et celle-ci, pour passer d'un orifice
au suivant, est obligée de lécher les disques : de
leur côté ceux-ci sont munis d'une ou plusieurs
palettes qui, à chaque tour, soulèvent le liquide
et l'obligent à s'écouler par une échancrure de
la cloison. On imite donc exactement le mouvement du liquide dans les colonnes à plateaux,
sans permettre le mélange du contenu d'un
compartiment avec celui du suivant, et on a
l'avantage de ne créer aucune pression dans
l'appareil, aussi l'alcool obtenu entraine-t-il
moins de corps de queue.

Ce dispositif, un peu modifié pour permettre
l'adhérence de liquides très fluides à la surface
des disques, se prête soit à l'épuisement de moûts
clairs, soit à la concentration dans un appareil
horizontal de déflegmation.

Il nous reste à parler d'un type très répandu
en Angleterre et dans les colonies anglaises,
l'appareil Coffey (*fig.* 20) qui permet de distiller
des masses énormes de liquides.

Il consiste en un vase B, B' surmonté de
deux colonnes C et D. La première est la colonne
d'épuisement, la seconde la colonne de défleg-

mation. Le tout est en bois épais de 15 centimètres avec revêtement intérieur en cuivre.

Les deux compartiments B et B′ sont séparés

Fig. 20

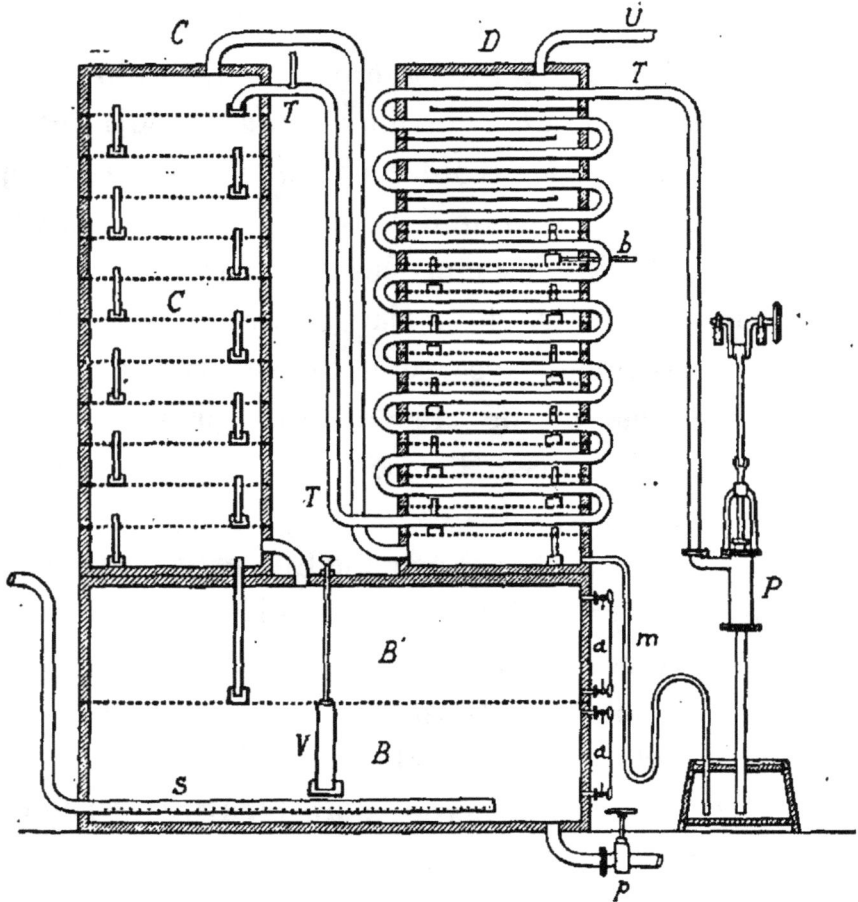

par une cloison métallique horizontale perforée,
munie de nombreuses soupapes ouvrant de bas
en haut pour le cas où il se dégagerait en B plus
de vapeur que les trous n'en peuvent laisser

passer. Un tube V, fermé en haut par un tam-
pon dont la tige traverse un presse-étoupes, part
de la cloison et descend presque jusqu'au fond
de B où il aboutit dans une fermeture hydraulique : des tubes de verre *a*, *a*, indiquent le niveau
dans les deux compartiments B et B'.

Ces deux compartiments sont l'équivalent des
chaudières d'un appareil Adam, c'est là que
s'achève l'épuisement sous l'action de la vapeur
qui arrive par le serpentin perforé S. Quand le
compartiment B est épuisé, on le vide par la
soupape P, on ouvre ensuite le tuyau V et on
charge B avec le contenu de B', déjà en partie
épuisé.

La colonne d'épuisement C est divisée par des
plaques en cuivre perforées en 12 à 14 compartiments, chaque plaque porte également des soupapes ouvrant de bas en haut, et un tube de trop
plein qui aboutit à 25 millimètres au-dessus de
la cloison, de façon à régler le niveau du liquide :
ce tube de trop plein plonge à sa partie inférieure
dans un godet faisant joint hydraulique.

La colonne de déflegmation est divisée en
15 chambres. Les 10 chambres inférieures sont
comme celles de la colonne d'épuisement séparées par des cloisons perforées, munies de trop
pleins et de soupapes de sûreté. Les autres com-

partiments ont leurs cloisons pleines, et com-
muniquent par un large orifice tantôt à droite,
tantôt à gauche : il n'y a donc plus barbottage :
les cloisons forcent simplement les vapeurs à
lécher le serpentin TT dans lequel le liquide à
distiller circule : ces cloisons forment donc les
compartiments d'un condenseur fractionné analogue à celui que nous avons décrit dans l'aide-
mémoire sur la rectification.

Enfin un tuyau *b* permet de recueillir l'alcool
fort condensé, tandis que les gaz incondensables
et les vapeurs qui ont échappé à la condensation
et entraînent les impuretés les plus volatiles
s'échappent par U.

Le tube T fait dans chaque chambre plusieurs
circuits, puis remonte pour alimenter la colonne
d'épuisement. Une pompe P à régime variable
y refoule, non seulement les liquides fermentés,
mais encore les reflux de la colonne de déflegmation sortant par le siphon *m*.

Au début d'une opération, on met la pompe P
en route jusqu'à ce que tout le serpentin T soit
rempli ; on lance alors la vapeur dans l'appareil :
lorsque, en touchant les spires du serpentin T,
le surveillant constate qu'un peu plus de la
moitié de la colonne de déflegmation est chaude,
il met de nouveau la pompe en mouvement. Le

liquide entre presque bouillant dans la colonne
d'épuisement, tombe de chambre en chambre
en s'épuisant progressivement, et arrive en B′,
d'où on le fait passer en B, comme nous l'avons
vu plus haut pour achever de l'épuiser.

Généralement on règle l'opération en se con-
tentant d'observer la température du liquide à
son entrée dans la colonne d'épuisement : s'il
est trop chaud, on force le débit de la pompe :
s'il est trop froid, on le diminue.

D'après ce que nous venons de dire, on voit
que l'appareil Coffey permet, grâce à la condensation fractionnée que subissent les vapeurs
dans les 5 compartiments supérieurs de la colonne D, d'extraire sous forme très concentrée
la majeure partie des impuretés les plus volatiles, et de recueillir en *b* un alcool concentré et
relativement pur. Nous ne reviendrons pas sur
la théorie de ce condenseur fractionné, l'ayant
donnée dans l'aide-mémoire sur la *Rectification*
(p. 55 et suivantes).

En adjoignant au chauffe-vins un condenseur
à eau, augmentant le nombre des plateaux, faisant, comme nous venons de le voir, extraction
des corps les plus volatils à la sortie de ce
condenseur, de l'alcool relativement pur vers
le 5ᵉ plateau, des alcools impurs vers le plateau

à 50°, on peut, comme l'avait proposé A. Savalle en 1857, et comme l'ont fait depuis plusieurs ingénieurs, préparer l'alcool brut à la rectification. Mais il faut tenir compte que pour avoir un résultat sérieux, il faut qu'un grand nombre de plateaux soient chargés d'alcool titrant au moins 95°,5. Nous ne sommes donc plus dans les conditions que nous avons étudiées jusqu'ici : et nous rentrons dans le cas de la rectification. La dépense de chaleur augmente très notablement.

ERRATUM

—

Pages 78, 79 et 80, *lire en tête* TABLEAU IX au lieu de TABLEAU X.

TABLE DES MATIÈRES

—

DEUXIÈME PARTIE

TROISIÈME PARTIE

DISTILLATION D'UN MÉLANGE DE PLUSIEURS LIQUIDES

ST-AMAND (CHER). IMPRIMERIE DESTENAY, BUSSIÈRE FRÈRES

www.ingramcontent.com/pod-product-compliance
Lightning Source LLC
Chambersburg PA
CBHW030314220326
41519CB00068B/2452